TUXIANG FENXI YU SHIBIE
XINJISHU YANJIU YU YINGYONG

# 图像分析与识别新技术研究与应用

王海晖　陈　龙／著

華中師範大學出版社

**新出图证(鄂)字 10 号**

**图书在版编目(CIP)数据**

图像分析与识别新技术研究与应用/王海晖,陈龙著.—武汉:华中师范大学出版社,2023.8

ISBN 978-7-5769-0213-6

Ⅰ.①图…　Ⅱ.①王…　②陈…　Ⅲ.①图像分析-研究　②图像识别-研究　Ⅳ.①TN919.8　②TP391.413

中国国家版本馆 CIP 数据核字(2023)第 155607 号

**图像分析与识别新技术研究与应用**

**© 王海晖　陈龙　著**

---

**责任编辑:**方统伟　**责任校对:**骆　宏　**封面设计:**罗明波

**编 辑 室:**高教分社　**电　　话:**027-67867364

**出版发行:**华中师范大学出版社　**社　　址:**湖北省武汉市洪山区珞喻路 152 号

**电　　话:**027—67861549(发行部)　**邮　　编:**430079

**网　　址:**http://press.ccnu.edu.cn　**电子信箱:**press@mail.ccnu.edu.cn

**印　　刷:**武汉市籍缘印刷厂　**督　　印:**刘　敏

**开　　本:**710mm×1000mm　1/16　**字　　数:**190 千字　**印　　张:**11.5

**版　　次:**2023 年 8 月第 1 版　**印　　次:**2023 年 8 月第 1 次印刷

**定　　价:**58.00 元

欢迎上网查询、购书

---

# 前　言

图像识别是人工智能的一个重要领域，是指利用计算机对图像进行处理、分析和理解，以识别各种不同模式的目标和对象的技术，并对质量不佳的图像进行一系列的增强与重建的技术手段，从而有效改善图像质量。图像识别不是用人类的肉眼鉴别，而是借助计算机技术进行。虽然人类的识别能力很强大，但是对于高速发展的社会，人类自身识别能力已经满足不了需求，于是产生了基于计算机的图像识别技术。通常一个领域当现有技术无法满足需求时，就会产生相应的新技术。图像识别技术也是如此，此技术的产生就是为了让计算机代替人类去处理大量的物理信息，帮助人类去处理无法识别或者识别率低下的信息。如在工业环境使用中，先采用工业相机拍摄图片，然后利用软件根据图片灰阶差做进一步识别处理。随着计算机及信息技术的迅速发展，图像识别技术的应用逐渐扩大到众多领域，尤其是在面部及指纹识别、卫星云图识别及临床医疗诊断等领域日益发挥着重要作用。

本书通过对图像分析与识别新技术理论的研究，结合该领域国内外研究的发展现状，开展了对图像分析与识别新技术的应用研究。通过对相关案例进行分析，总结了图像分析与识别新技术的发展前景及相关技术手段。本书有助于广大读者更好地理解图像分析与识别新技术的相关知识，了解图像分析与识别新技术方面的发展现状。同时，本书并不囿于纯粹的理论知识介绍和技术研讨，而是从实践出发，用一系列案例引申出核心知识与技术，以便读者更加系统而综合地掌握图像分析与识别新技术的全貌，把握图像分析与识别新技术的全局。

本书不仅提供了丰富的参考文献，以方便读者进一步深入探索，还提供了大量图示和实例帮助读者学习、理解和应用。全书共 8 章，可分为两个部分:第一部分包括第1～2章,研究分析了图像分析与识别新技术的发展现状及相关理论;第二部分包括第3～8章,从多个方面对图像分析与识别新技术的应用开展了研究。第二部分的各章相对独立,读者可以根据自己的兴趣及实际情况选择学习。本书编写过程中,张水平老师以及陈言璞、黄茜、钟学洋、王宇卓、胡源中、胡魄等研究生参与了撰写与整理工作。

由于作者水平有限,书中难免存在不足之处,希望读者对本书提出宝贵意见和建议。

王海晖

2023年5月

# 目　录

# 第1章 图像分析与识别概述

## 1.1 图像识别概述

图像识别是计算机视觉领域中的一个重要研究方向，也是人工智能领域的重要应用之一。它旨在让计算机能够像人类一样理解和分析图像，从而实现对图像内容的自动识别、分类和分析。

图像识别的目标是通过计算机算法和技术，使计算机能够从数字图像中提取出有用的信息，并将其与预先定义的类别进行匹配。这样的识别过程使得计算机能够理解图像的内容，从而实现各种实际应用。图像识别技术在医学、安防、自动驾驶、智能手机、人脸识别、农业等领域都有广泛的应用。

图像识别的基本流程通常包括图像获取、图像预处理、特征提取、图像分类和结果输出等步骤。第一，通过摄像头、扫描仪等设备获取图像并将其转换成数字形式。第二，对图像进行预处理，去除噪声、增强图像质量，以便后续处理。第三，从图像中提取特征，这些特征可以是图像的颜色、纹理、形状等信息。特征提取的质量直接影响着识别的准确性。第四，利用机器学习算法或深度学习方法对提取的特征进行分类，将图像归入预先定义好的类别中。第五，将识别的结果输出给用户或应用程序。

图像识别技术的发展离不开计算机视觉和人工智能的进步。特别是深度学习的兴起，使得图像识别取得了突破性的进展。深度学习模型，特别是卷积神经网络(CNN)，在图像识别方面取得了优异的成绩，甚至超过了人类的水平。深度学习通过多层次的抽象和表示学习，能够从大规模数据中自动学习图像的特征，避免了传统方法中手动设计特征的烦琐过程。

尽管图像识别取得了显著的进展，但仍然面临一些挑战。例如，真实世界中的图像具有多样性和复杂性,光照变化、遮挡、视角变化等因素都可能影响识别结果。此外,小样本学习问题也是一个挑战,特别是在某些场景下可用于训练的样本数量有限时。鲁棒性、数据隐私和计算资源等方面也是需要解决的问题。

未来,图像识别技术有望在更广泛的领域得到应用,并取得更加优异的成绩。随着硬件技术的进步,计算资源的增加和更大规模数据集的建立,图像识别的性能和效率将不断提高。同时,结合其他技术,如自然语言处理和增强现实,图像识别在更多应用场景中将发挥更大的作用。

## 1.2 图像识别原理

图像识别是计算机视觉领域的重要分支,旨在使计算机能够理解和解释图像内容。其原理是通过将图像转换为数字数据,并利用算法和模型对这些数据进行分析和处理,从而实现对图像内容的识别和理解。计算机进行图像识别时,首先会通过图像分类来筛选出重要信息并排除冗余内容。计算机根据这一分类结果,结合自身的记忆存储和相关要求进行图像的识别。这一过程本质上与人脑对图像的识别并不存在本质差异。对于图像识别技术而言,提取的图像特征直接影响着识别结果的准确性与满意程度。

计算机进行图像识别的过程类似于人类识别图像的思维过程。人类通过视觉感知图像,辨别其中的特征并进行分类,然后将分类结果与之前积累的记忆和经验进行比对,从而识别图像。计算机也是通过算法和技术,从图像中提取特征并进行分类,然后结合存储的知识和数据来进行图像识别。图像识别的关键在于图像特征的提取。计算机需要将图像中的关键信息提取出来,例如颜色、形状、纹理等特征,并根据这些特征来进行分类和识别。因此,图像识别技术的精度和准确性很大程度上取决于特征提取的质量和有效性。

图像识别原理主要是需处理具有一定复杂性的信息,处理技术并不是随意出现在计算机中,结合计算机程序对相关内容模拟并予以实现。图像识别的过程归纳起来主要包括 4 个步骤,如图 1.1 所示。

图像预处理:在得到源图像后,通常需要对其进行预处理。预处理是为了去除图像中的噪声、增强图像的对比度和亮度,以及对图像进行滤波等操

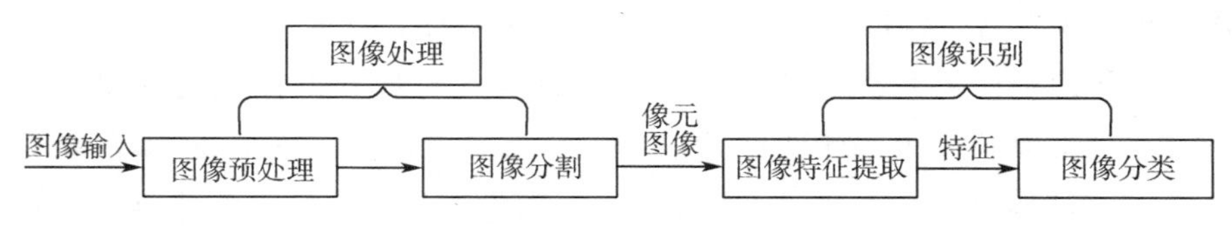


**图 1.1　图像识别流程图**

作，以便更好地提取有用的特征信息。

图像分割：图像分割是计算机视觉领域中的一项重要任务，其目标是将图像划分为不同的区域或对象，使得每个区域或对象具有明显的边界，从而实现对图像中不同目标的定位和识别。

图像特征提取：特征提取是图像识别的核心步骤。在这一阶段，计算机会从预处理后的图像中提取出与目标物体或模式相关的特征。这些特征可以是边缘、纹理、颜色等视觉特征，也可以是数字信号处理中的频率、幅度等特征。

图像分类：提取出特征后，接下来是将这些特征与预先训练好的模型或模式进行匹配和分类。这需要使用各种算法和技术，如机器学习、人工神经网络等，来对图像进行分类，从而判断出图像中所包含的对象或场景是什么。

以上这些步骤共同构成了图像识别的基本原理，它们的准确性和效率直接影响着图像识别技术的性能和应用范围。随着人工智能和计算机视觉领域的不断发展，图像识别技术将不断得到改进和优化，为我们带来更多便利和创新。

## 1.3　图像识别应用

人工智能算法在图像识别技术方面具有智能化和便捷性的优势。借助人工智能算法下的图像识别技术，可以对图片进行智能化处理和智能选择图片内容。例如，生活中广泛应用的人脸解锁系统采用了人工智能算法的图像智能识别功能，通过图像识别技术提取和分析人脸信息，并将提取的图像关键信息作为安全识别密码，充分展现了人工智能算法下图像识别技术的智能化优势。同时，图像识别技术还具备便捷性特点，通过借助图像识别技术，可以实现复杂的信息处理，例如刷脸开锁、线上购物、自动驾驶等。图像识别技术在各个领域得以应用，展现了其强大的实用性。

图像识别技术通常指计算机根据预设目标对捕获的前端图像进行处理。在日常生活中，图像识别技术应用十分广泛，包括车牌捕捉、商品条码识别、手写识别等。随着技术的不断进步，图像识别技术将在未来拥有更广泛的应用领域。例如，利用飞机或卫星拍摄的图像已广泛应用于国防、经济建设、环境保护和地球资源勘探等领域，用于检测和识别地面目标。自动获取有用信息一直是图像识别领域的重要课题，国内外的科学工作者在这方面已做了大量研究，并取得了可喜的成果。研究图像识别技术的目的之一是推广其应用，因此寻找解决图像识别问题的途径来满足实际需求非常重要。图像中的目标通常可以分为自然目标和人造目标，其中人造目标包括高楼、公路、大桥等。寻找特定目标的识别在图像识别技术中是一个重要任务，被称为特定目标识别。

图像识别初级应用主要以娱乐化和工具化为主，用户通过图像识别技术满足娱乐需求。例如，百度魔图的“大咖配”功能可以帮助用户找到与自己长相最匹配的明星；百度的图片搜索可以找到相似的图片；Facebook 的 DeepFace 技术则根据相片进行人脸匹配。还有一些应用专注于提高生活效率，如雅虎收购的图像识别公司 IQ Engine 开发的 Glow，可以通过图像识别自动生成照片的标签，帮助用户管理手机上的照片。此外，国内旷视科技成立了 VisionHacker 游戏工作室，借助图形识别技术研发移动端的体感游戏。另外，图像识别技术在光学字符识别（optical character recognition，OCR）方面也有广泛应用，例如百度的涂书笔记和百度翻译，谷歌的 Google 街景图库等。图像识别初级应用作为辅助工具为我们的人类视觉提供了强大的辅助和增强，带来了全新的与外部世界交互的方式。这些应用虽然看起来普通，但当图像识别技术渗透到我们的行为习惯中时，就相当于将一部分视力外包给了机器，就像我们已经把部分记忆外包给了搜索引擎一样。这将极大地改善我们与外部世界的交互方式，此前我们探寻外部世界的流程是这样的：人眼捕捉目标信息，大脑进行分析并转化为机器可以理解的关键词，最后与机器交互获得结果。而当图像识别技术赋予了机器“眼睛”之后，这个过程可以简化为：人眼通过机器捕捉目标信息，机器直接对信息进行分析并返回结果。图像识别使摄像头成为解密信息的钥匙，我们只需将摄像头对准某一未知事物，就能得到预期的答案，摄像头成为连接人和世界信息的重要入口之一。

图像识别的高级应用意味着计算机拥有了真正的视觉能力，从而有可能替代我们完成各种任务。当前的图像识别应用类似于盲人的导盲犬，为盲人提供方向指引。然而，未来的图像识别技术将与其他人工智能技术融合，成为盲人的全职管家，无须盲人亲自行动，而是由这个管家完成所有事务。举个例子，如果图像识别仅作为工具使用，就像我们驾驶汽车时佩戴谷歌眼镜，它分析外部信息并传递给我们，我们再根据这些信息做出驾驶决策；而将图像识别应用于机器视觉和人工智能，就像谷歌的无人驾驶汽车，机器不仅获取和分析外部信息，还全权负责所有行驶活动，使我们完全解放。目前，国内外已将图像识别技术应用于许多领域，其中最典型的应用包括：

(1)光学信息处理，如光学文字识别、光学标记识别、光学图形识别、光谱能量分析等；

(2)医疗仪器，如样本检查分析、眼球运动检测、X射线摄像、胃镜、肠镜摄像等；

(3)自动化仪器，如自动售货机、自动搬运机、监视装置等；

(4)工业自动检测，如零件尺寸的动态检查、产品质量、包装、形状识别、表面缺陷检测等；

(5)军事应用，如卫星侦察、航空遥感、微光夜视、导弹制导、目标跟踪、军事图像通信等，例如美国及其他国际组织发射了资源遥感卫星(如LANDSAT系列)和天空实验室(如SKYLAB)；

(6)人工智能领域，包括机器人视觉、无人自动驾驶、邮件自动分拣、指纹识别、人脸识别等，例如中科院计算所自主研制的“面像检测与识别核心技术”。

总体而言，尽管图像识别并非一个新领域，但在整个发展进程中仍处于早期阶段。它就像是一个成长中的少年，面对着适应现实世界的问题。图像识别是计算机视觉时代的早期迹象，无论它将如何应用或应用于哪些行业，图像识别技术永远不可能孤立发展。只有通过访问更多的图片，获得实时数据，并投入更多的时间和精力，才能使其变得更加强大。

## 1.4　图像识别面临的问题

在计算机视觉领域，图像识别这几年的发展突飞猛进，但在进一步广泛应用之前，仍然有很多挑战需要我们去解决。微软亚洲研究院视觉计算组的研究员们梳理了目前深度学习在图像识别方面所面临的挑战以及具有未来价值的研究方向。图像识别对人类来说是件极容易的事情，但对机器而言，这也经历了漫长岁月。近些年来，在计算机视觉领域，图像识别取得了显著的进展。例如，在 PASCAL VOC 物体检测基准测试中，检测器的性能从平均准确率 30%上升至 90%以上。对于图像分类，在极具挑战性的 ImageNet 数据集上，目前先进算法的表现甚至超过了人类。

图像识别技术的高价值应用就发生在你我身边，例如视频监控、自动驾驶和智能医疗等，而这些图像识别最新进展的背后推动力是深度学习。深度学习的成功主要得益于三个方面：大规模数据集的产生、强有力的模型的发展以及可用的大量计算资源。对于各种各样的图像识别任务，精心设计的深度神经网络已经远远超越了基于人工设计的图像特征的方法。尽管到目前为止深度学习在图像识别方面已经取得了巨大成功，但在它进一步广泛应用之前，仍然有很多挑战需要我们去面对。真实世界的图像识别研究面临着下面几个问题：

首先，图像识别技术面临着数据不平衡和泛化能力弱的问题。现实世界中的图像数据往往呈现不同类别之间样本数量的不平衡，导致模型在少数类别上的泛化能力不足，容易出现识别错误。为了提高模型在各类别上的性能，需要探索有效的数据增强和样本平衡方法。

其次，图像识别还面临复杂背景和遮挡的问题。现实世界中的图像通常包含复杂的背景和被遮挡的目标，这增加了图像识别的难度。例如，车辆识别可能会遇到车辆被其他物体遮挡的情况。解决这一问题需要设计更加鲁棒的模型，能够有效地从复杂背景中提取关键信息。

再次，多模态图像识别也是一个挑战。在某些场景下，图像可能包含多种类型的信息，如视觉、文本或语音等。实现多模态图像识别需要有效融合不同类型的信息，并提高跨模态学习的效率和准确性。

最后，图像识别技术还面临着诸如可解释性和可信度、鲁棒性和安全性、高效性和实时性、隐私和道德等问题，以及在跨领域应用中的挑战。解决这些问题需要跨学科的合作和不断的研究创新，以推动图像识别技术的进一步发展和广泛应用。只有持续努力，不断探索，我们才能克服这些挑战，并推动图像识别技术在各个领域取得更大的突破和应用。

综上所述，图像识别虽然取得了显著的进展，但仍然需要解决一系列技术和伦理问题，以实现更广泛和可持续的应用。未来，随着技术的进步和应用场景的不断拓展，图像识别技术将逐步克服这些问题，并为人类社会带来更多的便利和价值。

## 1.5　图像识别的发展阶段和趋势

图像识别是计算机视觉领域的重要分支，其发展经历了多个阶段，并在不断迎来新的趋势。以下将介绍图像识别的发展阶段：

传统图像处理阶段：早期图像识别研究主要集中在传统的图像处理方法，包括边缘检测、滤波、特征提取等技术。这些方法依赖于人工设计的特征和规则，并应用于简单的图像处理任务，如数字图像处理和图像增强等。

机器学习阶段：随着计算机性能的提升和大规模数据的普及，图像识别开始采用机器学习方法。例如，支持向量机(SVM)、决策树等算法被应用于图像分类和物体检测等任务。这些方法通过学习大量样本数据，自动提取图像特征并训练模型，实现图像的分类和识别。

深度学习阶段：深度学习的兴起使得图像识别取得了显著进展。特别是卷积神经网络的应用，使得图像识别的准确率和性能大幅提升。深度学习技术通过多层次的神经网络结构，自动学习图像的特征表示和分类模型，不再依赖于手工设计的特征。这使得图像识别技术在人脸识别、物体检测、医学影像分析等领域取得重要突破。

图像识别作为计算机视觉领域的重要分支，未来有着广阔的发展前景。以下是图像识别的发展趋势：

深度学习的持续应用：深度学习技术，特别是卷积神经网络，已经在图像识别中取得了显著的成功。未来，深度学习将继续是图像识别的主流方法，随着模型的优化和硬件的进步，其识别能力将进一步提高。

强化学习与自主学习：强化学习将在图像识别中发挥更重要的作用。通过引入强化学习算法，图像识别系统可以根据环境反馈来优化决策过程，从而实现自主学习和持续改进，使得识别更加智能和适应性更强。

多模态融合：图像识别将与其他形式的数据，如语音、文本等进行多模态融合。这样的融合将提供更全面和准确的识别结果，拓展图像识别应用场景,如智能交互、智能助理等。

实时性和高效性:随着计算机性能和网络传输速度的提升,图像识别技术将更加注重实时性和高效性。未来的图像识别系统将能够在几乎实时的情况下对大量图像进行快速识别和处理,为用户提供更好的体验。

小样本学习和迁移学习:解决小样本学习问题是图像识别领域的一个挑战。未来的发展趋势将关注如何在少量样本的情况下实现准确的识别。迁移学习也将得到广泛应用,通过在一个领域学到的知识,迁移到其他相关领域进行识别,提高系统的泛化能力。

集成增强现实(AR)技术:图像识别技术与增强现实技术的结合将成为未来的发展方向。通过图像识别,AR 技术可以在现实世界中叠加虚拟信息,为用户提供更丰富和沉浸式的体验。

隐私保护和安全性:随着图像识别技术的广泛应用,用户隐私和数据安全问题将变得更加重要。未来的发展趋势将更加注重保护用户的隐私和数据安全,采取更加严格的数据管理和加密措施。

跨领域融合:图像识别技术将与其他领域的技术进行融合,如自然语言处理、语音识别、机器人技术等。跨领域融合将为图像识别技术带来更广阔的应用空间和更强大的功能。

综上所述,图像识别技术的发展将持续融合各种前沿技术和学科,不断拓展应用领域,提高识别准确率和效率,并注重用户隐私保护和数据安全。随着科技的不断进步,图像识别将为人们的生活和工作带来更多的便利和创新。

# 第2章　图像预处理与边缘检测

## 2.1　图像预处理

将每一个文字或图像分拣出来交给软件识别模块识别，这一过程称为图像预处理。图像预处理的主要目的是消除图像中无关的信息，提取有用的真实信息，增强有关信息的可检测性和最大限度地简化数据，从而改进特征抽取、图像分割、匹配和识别的可靠性。

根据图像处理过程中空间的不同，预处理大致可以分为空域处理法和频域处理法。空域处理法直接对图像的像素进行处理，以灰度的映射变换为基础，映射变换取决于图像的特点和增强的目的，包括图像平滑、锐化和灰度映射等。频域处理法是在图像的某种变换域内，对变换后的系数进行计算，然后反变换到原来的空域从而得到增强的图像，主要包括高通滤波、低通滤波、同态滤波等。本章主要讨论空域的平滑和锐化处理。

图像平滑能减弱或消除图像中高频率分量，但不影响低频率分量。平滑滤波将图像中区域边缘灰度值较大、变化较快部分的分量滤去，以减少局部灰度起伏，从而使图像变得比较平滑。在实际应用中，平滑滤波主要的目的是消除图像采集过程中的图像噪声。图像平滑的算法很多，本节主要对邻域平均法、选择式掩模平滑算法进行介绍。

1. 邻域平均法

最简单的平滑滤波是将源图像中一个像素的灰度值和它周围邻近的8个像素的灰度值相加求得的平均值，作为新图像中的灰度值。主要采用模板计算的思想，这种模板操作实现了一种邻域运算，也就是说某个像素点的灰度值的大小不仅与其本身像素灰度有关，还与其邻域点的像素灰度值有关。邻域平均法的数学公式表达如下：

$$g(i,j)=\frac{\sum f(i,j)}{N},(i,j)\in M \tag{2.1}$$

式(2.1)中，$M$ 是所取像素邻域中各临近像素的坐标，$N$ 是邻域当中包含的临近像素的个数，邻域平均法的模板为：

$$\frac{1}{9}\begin{bmatrix}1 & 1 & 1\\ 1 & 1\cdot & 1\\ 1 & 1 & 1\end{bmatrix}$$

在模板中，中间的黑点表示以该像素为中心元素，即要进行处理的像素。在实际的问题中，也可以根据不同的情况选择使用不同的模板尺寸，如 $5\times5$、$7\times7$、$9\times9$ 等。

2. 选择式掩模平滑算法

实际中，考虑到图像当中目标物体和背景一般具有不同的统计特性，即存在不同的均值和方差，为保留一定的边缘信息，可采用一种自适应的局部平滑滤波方法，这种方法可以得到较好的图像细节，它的优点是尽量不模糊边缘的轮廓。

选择式掩模平滑算法也是以模板运算为基础，假设取 $5\times5$ 的模板，在模板内以中心像素$(i,j)$为基准点，制作出 4 个五边形、4 个六边形、1 个边长为 3 的正方形，一共 9 种形状的屏蔽窗口，分别计算出每个窗口内的平均值及方差。因含尖锐边沿的区域，方差必定比平缓的区域大，故采用方差最小的屏蔽窗口进行平均化，该方法在完成滤波操作的同时，又不会破坏区域边界的细节。这种采用 9 种形状的屏蔽窗口，分别计算出各窗口内的灰度值方差，并用方差最小的屏蔽窗口进行平均化的方法，也叫作自适应局部平滑法。9 种屏蔽窗口的模板如图 2.1 所示：

$$\begin{matrix}0&0&0&0&0\\0&1&1&1&0\\0&1&1&1&0\\0&1&1&1&0\\0&0&0&0&0\end{matrix}$$

(a)

$$\begin{matrix}0&0&0&0&0\\1&1&0&0&0\\1&1&1&0&0\\1&1&0&0&0\\0&0&0&0&0\end{matrix}$$

(b)

$$\begin{matrix}0&1&1&1&0\\0&1&1&1&0\\0&0&1&0&0\\0&0&0&0&0\\0&0&0&0&0\end{matrix}$$

(c)

$$\begin{matrix}0&0&0&0&0\\0&0&0&1&1\\0&0&1&1&1\\0&0&0&1&1\\0&0&0&0&0\end{matrix}$$

(d)

$$\begin{matrix}0&0&0&0&0\\0&0&0&0&0\\0&0&1&0&0\\0&1&1&1&0\\0&1&1&1&0\end{matrix}$$

(e)

$$\begin{matrix}1&1&0&0&0\\1&1&1&0&0\\0&1&1&0&0\\0&0&0&0&0\\0&0&0&0&0\end{matrix}$$

(f)

$$\begin{matrix}0&0&0&1&1\\0&0&1&1&1\\0&0&1&1&0\\0&0&0&0&0\\0&0&0&0&0\end{matrix}$$

(g)

$$\begin{matrix}0&0&0&0&0\\0&0&0&0&0\\0&0&1&1&0\\0&0&1&1&1\\0&0&0&1&1\end{matrix}$$

(h)

$$\begin{matrix}0&0&0&0&0\\0&0&0&0&0\\0&1&1&0&0\\1&1&1&0&0\\1&1&0&0&0\end{matrix}$$

(i)

**图 2.1　9 种屏蔽窗口的模板**

根据以上 9 种模板，分别计算出各模板作用下的均值和方差。

均值的计算公式：

$$M_i = \frac{\sum_{k=1}^{k=N} f(i,j)}{N} \tag{2.2}$$

方差的计算公式：

$$\sigma_i = \sum_{k=1}^{k=n} [f^2(i,j) - M_i^2] \tag{2.3}$$

式(2.2) 和式(2.3) 中，$k=1,2,3,\cdots,n$，$n$ 是各掩模对应的像素的个数。把计算得到的 $M_i$ 进行排序，将最小方差 $\sigma$ 所对应的灰度级均值作为平均化的结果输出。将 $5\times5$ 的模板窗口在整个图像上进行滑动，利用上述方法就能实现对每个像素进行平均化。

## 2.2　图像滤波

噪声无处不在，图像的采集、传输和存储过程中都常伴有图像噪声的存在,例如摄影设备的分辨率低、传送介质的不稳定和存储单元的损坏都是可能产生图像噪声的原因。然而什么时候产生噪声、什么位置产生噪声是一个随机过程,只能用概率统计的方法将其描述成一个多维随机过程。图像中噪声的存在不仅会增加处理冗余图像的时间,同时也会干扰图像中目标关键特征的选取,导致后续目标识别和分类的精确度的降低。一般对图像噪声的直观视觉效果感受就是图像模糊、图像上有不必要的噪点。椒盐噪声和高斯噪声是图像中较为常见的噪声。椒盐噪声又称脉冲噪声,视觉上表现为图像中出现的黑色(椒噪声)和白色(盐噪声)的像素点,椒盐噪声的出现位置是不固定或者无法预测的,一般使用中值滤波来消除。高斯噪声则是噪声像素的概率密度函数趋向高斯分布,主要是由阻性元器件的内部产生,常使用高斯滤波进行降噪。

中值滤波是一种典型的非线性滤波技术。这种方法在一定的条件下能够克服线性滤波器(如均值滤波、最小均方滤波器等)带来的图像细节模糊问题,因在实际运算过程中不需要图像的统计特征,并对滤除脉冲干扰及图像扫描噪声有非常好的效果,使用起来非常便利。

传统的中值滤波一般采用含奇数个点的滑动窗口,用窗口中各个点灰度值的中值代替指定点的灰度值。对于奇数个的元素,中值指将奇数个像素的灰度值按从小到大的顺序排序后中间的数值;对于偶数个的元素,中值指将偶数个像素的灰度值按大小排序后中间两个元素的灰度值的平均值。中值滤波也是一种低通滤波,主要用来抑制脉冲噪声,这种方法能够彻底地滤除尖波干扰噪声,同时又能较好地保护目标图像的边缘。一维中值滤波器的定义为:

$$y_k = \mathrm{med}\{x_{k-n}, x_{k-n+1}, \cdots, x_k, \cdots, x_{k+n-1}, x_{k+n}\} \tag{2.4}$$

在式(2.4)中,med 表示的是取中值操作。中值滤波方法就是对滑动窗口$(2N+1)$内的像素做从大到小的排序,结果输出的像素值为该序列的中值。

图像在实际生成和传输过程中,由于光照、温度、传感器变化等条件影响会产生各种噪声，这些噪声会使图像质量下降，不利于后期图像立体匹配。为了获取精确稳定的匹配效果，需要对原始图像进行平滑处理。通常平滑处理操作有三种方法：均值滤波、中值滤波、高斯滤波。

## 2.3　图像形态学处理

形态学运算是一种基于图像形状特征的非线性图像处理技术。它可以有效地对经过二值化处理后的图像进行处理，解决由不合适阈值选择或不贴近理想值所导致的问题。二值化处理后的图像常常存在失真和噪声，影响后续的图像识别和分类任务。形态学运算不关注像素具体数值，而是依赖于像素值的相对排列顺序。因此，形态学处理前必须将原始图像转换为二值图像。该处理方法利用结构元素模板，该模板类似于小的二值化图像，其中像素值只有 1 和 0，如图 2.2 所示。结构元素的大小由图像的尺度决定，而 1 和 0 的排列分布则决定了不同结构元素模板的形状特征，通常模板的运动基点在模板的中心点。在进行图像形态学处理操作时，将结构元素模板应用到图像的所有可能目标位置，并与目标的临近像素进行比较，测试结构元素与邻域的匹配度是否存在交集。通过布尔逻辑计算，生成一张新的二值图像，该图像即为形态学处理后的结果。这种处理能够有效地消除噪声、填充空洞、连接断裂区域以及改变图像的形状等操作，从而提高后续图像处理任务的准确性和效果。

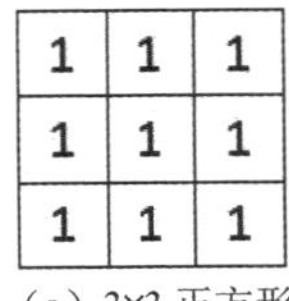

(a) 3×3 正方形

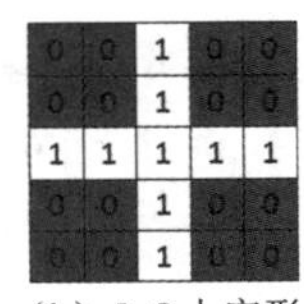

(b) 5×5 十字形

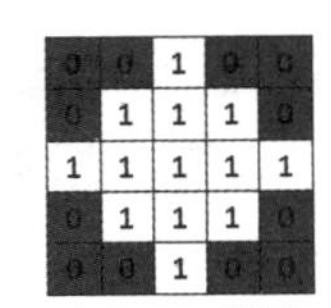

(c) 5×5 菱形

**图 2.2　结构元素图**

在图 2.2 中，这些结构元素模板的尺寸都是奇数，具有不同的形状和像素值排列。图 2.2(a) 是一个正方形结构元素，图 2.2 (b) 是一个十字形结构元素，交叉处有非零像素值，图 2.2(c) 是一个菱形结构元素，顶点元素为 0，构成了菱形的形状。在这些结构元素模板中，运动基准点位于中心点，通过移动基准点来扫描图像。在进行图像处理时，我们将结构元素模板依次重合在图像的像素点上，进行匹配检测。这些常用的结构元素大多由奇数个像素点构成。通过形态学运算和这些结构元素模板，我们可以实现消除噪声、填充空洞、连接断裂区域等图像处理操作，提升图像处理的效果和准确性。

## 2.4 图像的锐化

图像的锐化滤波能减弱或消除图像当中的低频率分量，而不影响高频率分量。由于低频率分量对应的是图像中灰度值变化缓慢的区域，故与图像的整体性能(如整体平均灰度和对比度等)有关。锐化滤波把这些分量滤去后可使图像反差增强，使边缘明显。在实际应用中，锐化滤波通常用于增强被模糊的细节或低对比度图像的目标边缘。

图像的锐化有两个目的：一是增强图像的边缘，使原本模糊的图像变得更加清晰，颜色变得鲜明突出，提高图像的质量，使之成为更适合人眼观察和识别的图像；二是通过图像锐化后使目标物体的边缘明显，以便提取目标物体的边缘，对图像进行分割及目标区域的识别，以及区域形状提取等。图像的锐化一般有两种方法：一种是微分法，另一种是高通滤波法。本节主要对微分法中的梯度锐化和拉普拉斯锐化进行介绍。

1. 梯度锐化

由于对图像进行平均或是积分运算会造成图像模糊，故可对图像进行逆运算，如微分运算，使图像中任何方向伸展的边缘和模糊的轮廓变得清晰。

在图像处理中，一阶微分是通过梯度法来实现的。对于一幅图像，用函数 $f(x,y)$ 表示，且定义 $f(x,y)$ 在点 $(x,y)$ 处的梯度式为矢量，定义为：

$$G[f(x,y)]=\begin{bmatrix}\dfrac{\partial f}{\partial x}\\ \dfrac{\partial f}{\partial y}\end{bmatrix} \tag{2.5}$$

梯度的方向在函数 $f(x,y)$ 的最大变化率的方向上，则梯度的幅度 $G[f(x,y)]$ 可由下式计算出：

$$G[f(x,y)]=\sqrt{\left[\left(\frac{\partial f}{\partial x}\right)^2+\left(\frac{\partial f}{\partial y}\right)^2\right]} \tag{2.6}$$

由式(2.6) 可以得出，梯度的数值就是函数 $f(x,y)$ 在其最大的变化率方向上的单位距离所增加的量。在数字图像处理中，微分 $\partial f/\partial x$ 和 $\partial f/\partial y$ 可以用差分来近似。故式(2.6) 按差分运算近似后得到的梯度表达式为：

$$G[f(i,j)]=\sqrt{[f(i.j)-f(i+1,j)]^2+[f(i,j)-f(i,j+1)]^2} \tag{2.7}$$

通常为了提高运算的速度，在计算精度允许的情况下，可以采用绝对差算法近似为：

$$G[f(i,j)]=|f(i,j)-f(i+1,j)|+|f(i,j)-f(i,j+1)| \tag{2.8}$$

这种梯度法通常又称为水平垂直差分法，另一种梯度法是交叉地进行差分计算，被称为罗伯特梯度法(Robert Gradient)，表示为：

$$G[f(i,j)]=\sqrt{[f(i,j)-f(i+1,j+1)]^2+[f(i+1,j)-f(i,j+1)]^2} \tag{2.9}$$

同理，采用绝对差算法近似为：

$$G[f(i,j)]=|f(i,j)-f(i+1,j+1)|+|f(i+1,j)-f(i,j+1)| \tag{2.10}$$

在实际问题中，运用以上两种梯度近似算法，在图像的最后一行或者最后一列是无法计算像素梯度的，可使用前一行或者前一列的梯度值来近似代替。

2. 拉普拉斯锐化

拉普拉斯算子是到目前为止最简单的各向同性微分算子，这种方法具有旋转不变性。一个二维的图像函数 $f(x,y)$ 的拉普拉斯变换是各向同性的二阶导数，定义为：

$$\nabla^2 f(x,y)=\frac{\partial^2 f}{\partial x^2}+\frac{\partial^2 f}{\partial y^2} \tag{2.11}$$

为了更方便于图像处理，将式(2.11) 表示为离散形式为：

$$\nabla^2 f = [f(x+1,y)+f(x-1,y)+f(x,y+1)+f(x,y-1)] - 4f(x,y) \quad (2.12)$$

这个公式通常是用模板来实现的，如图 2.3 所示。图 2-3(a) 表示的是离散拉普拉斯的算子模板，图 2.3(b) 表示的是其扩展模板，图 2.3(c) 表示的是其他两种拉普拉斯算子模板，从模板的形式可以看出，如果在一幅图像中的较暗区域出现了一个亮点，则可用拉普拉斯算子使这个亮点变得更亮。一般的图像增强技术对于图像中的陡峭边缘和缓慢变化的边缘，都很难确定其边缘位置，但拉普拉斯算子却可以用二次微分中正峰和负峰之间的过零点来确定，对于图像中的孤立点或端点也更为敏感。因此该算子特别适用于突出图像中的孤立点或孤立线。

| | | |
|---|---|---|
| 0 | 1 | 0 |
| 1 | –4 | 1 |
| 0 | 1 | 0 |

(a)拉普拉斯算子模板

| | | |
|---|---|---|
| 1 | 1 | 1 |
| 1 | –8 | 1 |
| 1 | 1 | 1 |

(b)拉普拉斯算子扩展模板

| | | |
|---|---|---|
| 0 | –1 | 0 |
| –1 | 4 | –1 |
| 0 | –1 | 0 |

| | | |
|---|---|---|
| –1 | –1 | –1 |
| –1 | 8 | –1 |
| –1 | –1 | –1 |

(c)拉普拉斯其他两种算子模板

**图 2.3　拉普拉斯的四种算子模板**

拉普拉斯算子和前面所讲的梯度算子一样，使用后都会增强图像中的噪声，因此在使用拉普拉斯算子进行边缘检测时，要先将图像进行平滑处理。

## 2.5　边缘检测

边缘检测可以勾勒出目标物体，是图像分割、识别以及分析中抽取图像特征的重要手段。图像的边缘检测是图像处理和计算机视觉的基础。图像中的边缘是因图像局部特征不连续或是突变而产生的，如颜色的突变、灰度值的突变和纹理的突变等。通常边缘的类型为阶跃式、脉冲式和屋顶式，针对这 3 种类型的边缘，检测方法有很多，通常是用一阶微分算子和二阶微分算子进行计算。一阶微分算子所选的算子模板不同，图像处理的效果也不同；二阶微分算子有可能会把噪声当边缘点检测出来，而真正的边缘点可能被噪声淹没而未检测出来。所以有效的边缘检测算法是非常重要的，下面讨论常用的边缘算子模板。

1. Robert 算子

令 $f(x,y)$ 为输入的图像，$g(x,y)$ 为输出的图像，则 Robert 边缘梯度可由式(2.13) 求得：

$$g(x,y)=|\nabla f(x,y)|=\left\{[f(x,y+1)-f(x+1,y)]^2+[f(x+1,y+1)-f(x,y)]^2\right\}^{\frac{1}{2}} \tag{2.13}$$

模板形式如图 2.4 所示。

| 1 | 0 |
|---|---|
| 0 | -1 |

| 0 | 1 |
|---|---|
| -1 | 0 |

**图 2.4　Roberts 算子模板**

2. Sobel 算子

Sobel 算子是一阶微分算子，这种算子是将图像中的每个点都用 Sobel 算子模板做卷积。两个模板中，一个对应像素点的横向梯度 $G_x$，一个对应像素点的纵向梯度 $G_y$，根据式(2.14) 就可求出像素点的梯度。

$$|\nabla f(x,y)|=\mathrm{mag}[\nabla f(x,y)]=(G_x^2+G_y^2)^{\frac{1}{2}} \tag{2.14}$$

Sobel 算子模板形式如图 3.6 所示。

| -1 | 0 | 1 |
|---|---|---|
| -2 | 0 | 2 |
| -1 | 0 | 1 |

| 1 | 2 | 1 |
|---|---|---|
| 0 | 0 | 0 |
| -1 | -2 | -1 |

**图 2.5　Sobel 算子模板**

3. Prewitt 算子

Prewitt 算子与 Sobel 算子非常类似，也是一阶微分算子，前者对应横向梯度的 $G_x$ 模板，后者对应纵向梯度的 $G_y$ 模板，然后根据式(2.14) 可求出像素点的梯度。Prewitt 算子模板形式如图 2.6 所示。

| -1 | 0 | 1 |
|---|---|---|
| -1 | 0 | 1 |
| -1 | 0 | 1 |

| 1 | 1 | 1 |
|---|---|---|
| 0 | 0 | 0 |
| -1 | -1 | -1 |

**图 2.6　Prewitt 算子模板**

4. Laplacian 算子

Laplacian 算子是各向同性的二阶导数：

$$\nabla f(x,y)=\frac{\partial^2 f}{\partial x^2}+\frac{\partial^2 f}{\partial y^2} \tag{2.15}$$

在数字图像中，$f(x,y)$ 的二阶导数为：

$$\begin{cases}\dfrac{\partial^2 f(x,y)}{\partial x^2}=[f(x+1,y)-f(x,y)]-[f(x,y)-f(x-1,y)] \\ \qquad\qquad =f(x+1,y)+f(x-1,y)-2f(x,y) \\ \dfrac{\partial^2 f(x,y)}{\partial y^2}=f(x,y+1)+f(x,y-1)-2f(x,y)\end{cases} \tag{2.16}$$

因此 Laplacian 算子 $\nabla^2 f(x,y)$ 为：

$$\begin{aligned}\nabla^2 f(x,y)&=\frac{\partial^2 f}{\partial x^2}+\frac{\partial^2 f}{\partial y^2}\\ &=f(x+1,y)+f(x-1,y)+f(x,y+1)+f(x,y-1)-4f(x,y)\\ &=-5\left\{f(x,y)-\frac{1}{5}[f(x+1,y)+f(x-1,y)+f(x,y+1)+f(x,y-1)+f(x,y)]\right\}\end{aligned} \tag{2.17}$$

由此可见，像素点 $(x,y)$ 的 Laplacian 算子只有一个模板，它可由点 $(x,y)$ 的灰度值减去该点的邻域平均灰度来求得。常用的 Laplacian 算子模板形式如图 2.7 所示。

## 2.6　图像增强

增强图像中的有用信息是一个失真的过程，其目的是要改善图像的视

| 0 | 1 | 0 |
|---|---|---|
| 1 | –4 | 1 |
| 0 | 1 | 0 |

| 1 | 1 | 1 |
|---|---|---|
| 1 | –8 | 1 |
| 1 | 1 | 1 |

**图 2.7　常用的两个 Laplacian 算子模板**

觉效果，针对给定图像的应用场合，有目的地强调图像的整体或局部特性，将原来不清晰的图像变得清晰或强调某些感兴趣的特征，改善图像质量，丰富信息量，加强图像判读和识别效果，满足某些特殊分析的需要。图像增强算法可分成两大类：空间域法和频率域法。

空间域法是一种直接图像增强算法，分为点运算算法和邻域增强算法。点运算算法即灰度级校正、灰度变换（又叫对比度拉伸）和直方图修正等。邻域增强算法分为平滑和锐化两种：平滑常用算法有均值滤波、中值滤波、空域滤波；锐化常用算法有梯度算子法、二阶导数算子法、高通滤波、掩模匹配法等。空域法是对图像中的像素点进行操作，用公式描述如下：

$$g(x,y)=f(x,y)\times h(x,y) \tag{2.18}$$

式(2.18)中，$f(x,y)$ 是源图像；$h(x,y)$ 为空间转换函数；$g(x,y)$ 表示进行处理后的图像。

频率域法是一种间接图像增强算法，常用的方法有低通滤波器和高通滤波器。低通滤波器有理想低通滤波器、巴特沃斯低通滤波器、高斯低通滤波器、指数滤波器等。高通滤波器有理想高通滤波器、巴特沃斯高通滤波器、高斯高通滤波器、指数滤波器等。频率域法中采用的算法是在图像的某种变换域内对图像的变换系数值进行某种修正，是一种间接增强的算法。

# 第3章　不同遥感图像的融合与应用

## 3.1　案例背景

融合(Fusion)是指采集并集成各种信息源、多媒体和多格式信息，从而生成完整、准确、及时和有效的综合信息的过程。融合的目的是通过综合不同数据所含信息优势得到最优化的信息，以减少或抑制被感知对象或环境解释中可能存在的多义性、不完全性、不确定性和误差，最大限度地利用各种信息源提供的信息。融合不是数据间的简单复合，而是强调执行结果的信息优化，并且比直接从各信息源得到的信息更简洁、更少冗余、更有用途。融合的概念始于20世纪70年代，当时称之为多源相关、多传感器混合和数据融合。20世纪80年代以来信息融合技术得到迅速发展，对它的称谓也渐趋统一，现在多称之为数据融合和信息融合。信息融合是一种信息处理技术，即对多源信息进行处理，以获得改善了的新信息。信息融合技术主要研究如何加工和协同利用多源信息，并使不同形式的信息相互补充，以获得对同一事物或目标的更客观、更本质认识的信息综合处理技术。它比直接从各信息源得到的信息要简洁而且也更有用途。美国的C3I(指挥、控制、通信和情报)系统开创了信息融合技术系统的先河。早在1973年，美国国防部就资助进行了声呐信号理解系统的研究，信息融合技术在这一系统中得到了最早体现。之后，无论是军用系统，还是民用系统都趋向于采用信息融合来进行信息综合处理。近年来，信息融合技术更是引起了世界范围内的普遍关注，很多发达国家已在很多重大研究项目中实施了信息融合计划，并陆续开发出一些实用性运行系统。我国将信息融合技术列为“863”计划等战略规划中的重点研究项目，以之作为发展计算机技术、空间技术等高新产业领域的关键技术之一。

由于现在计算机技术的广泛应用，大量的信息都依靠计算机来处理，因此信息融合技术更多地被称为数据融合技术。此外，随着科学技术的飞速发展，各种传感器被广泛地应用并获得了大量的数据，因此数据融合技术不仅仅是被用来处理单一传感器获取的数据，而更多的是被用来研究和处理多传感器获得的数据，因而目前所说的数据融合实际上指的都是多传感器数据融合（同一传感器的数据融合可以看作特例）。因此数据融合技术是伴随多传感器数据处理方法的发展而逐步形成的，最初以军事应用为目的，后来迅速在遥感信息处理、机器人视觉、无损检测、工业监控跟踪、医学图像处理、导航、环境监测等领域大量应用。

### 3.1.1　数据融合技术

1. 数据融合的定义

多传感器数据融合是一种针对多源信息进行综合处理的一项新技术，它是对来自多传感器的探测信息按时序和一定准则加以自动分析及综合的信息处理过程，从而完成所需的决策和判定。多传感器所给出的多源信息是其加工的对象，对多源信息的协调优化和综合处理是其核心功能。数据融合的基本原理就像人脑综合处理信息一样，充分利用来自多个传感器的数据，通过对这些数据的合理支配和使用，把多个传感器数据在空间或时间上的冗余或互补，并依据某种准则进行组合，以获得被测对象的一致性解释或描述，是对来自多个传感器的信息进行多级别、多方面、多层次的处理与综合，从而获得更丰富、更精确、更可靠的有用信息，而这种新信息是任何单一传感器无法获得的。数据融合作为一种数据综合和处理技术，实际上是许多传统知识和新技术手段的集成，包括数学、通信、模式识别、决策论、不确定性理论、信号处理、估计理论、最优化技术、计算机科学、人工智能、神经网络和可靠性等理论等。针对不同的应用领域通常有着不同的定义。美国国防部在1991年提出了数据融合是一种多层、多方面的处理过程，用以处理多源数据和信息进行自动检测、联合、相关、估计和合成的定义。在对多传感器融合进行深入的研究后，Hall于1992年提出了数据融合的相关定义，数据融合用于处理多源数据和信息以萃取出质量改善了的信息，并用于决策制定。所以数据融合是一种多层次、多方面的处理过程，这个过程是对多源数据进行检测、联合、相关、估计和合成以达到精确的状态估计和身份估计，以及完整、及时的态势评估和威胁估计。Wald 于 1998 年提出数据融合的定义是目前为止对数据融合最完整的表达，Wald 认为数据融合是一种将来自不同信息源的数据进行联合（Alliance）的方式和手段，它的目的是获得关于对象的最大信息，最大信息的精确定义将依赖于数据融合所具体应用的场合。从目前数据融合领域的研究情况来看，数据融合可以广泛地概括为这样一个过程：数据融合在形式上是一个框架，该框架通过特定的逻辑推理工具对多源数据进行组织、关联和综合，从而利用这些多源数据的协同来获得更高质量的信息。数据融合就是利用数据融合引擎，通过选择合适的数据联合方法和工具，综合利用冗余或互补信息，使融合后的信息达到最大化，从而弥补信息不完全、修正信息不精确或不确定造成的缺陷，目的是获得更高质量的数据信息，并最终为决策提供依据。

2. 数据融合的现状

高分遥感平台下的目标检测近些年来发展迅速，但仍不能称作是一个完善的研究领域，该领域的现状主要如下：

1）深度学习的出现，为高分遥感平台提供了一个新的研发方向，让高分遥感影像中高分辨率的信息有了更好的图像处理框架。高分遥感图像目标检测领域的深入研究，在成为图像处理领域中重要的科研方向后，会越来越频繁地融入深度学习。

2）深度学习具备的高效特征表达能力契合了高分遥感影像的需求，为了应对更加复杂的图像，在特征提取中进行多尺度特征融合是该领域当前研究趋势之一。

3）特征提取的好坏往往决定了目标检测的上限，因此，优化特征网络并增加网络学习能力，是当前目标检测采用的普遍做法，并且研究更高性能的特征提取网络以及更切合工程领域需求的优化方法也成为高分遥感目标检测的趋势。多传感器数据融合的目的是获得更精确、更可靠、更全面的信息，与采用单一传感器数据相比，融合了多个传感器的数据通常具有冗余性和互补性的特点。冗余性是指多传感器可提供冗余信息，通过对冗余信息的融合,可以减少不确定性,提高目标检测精度,即使有个别传感器发生错误和损坏,同样可以得到可靠的结果。也就是说,通过对冗余信息的融合可使系统具有较强的容错性能。同时,由于多个传感器的噪声是不相关的,因此,通过融合也可以减少或消除噪声的影响,提高检测性能。而互补性是指从多个不同种类的传感器可以获得互补的信息,不同类型的传感器可提供不同类型、不同层次或不同方面的信息,每种传感器均可提供其他类型传感器所不能感知的信息。融合多传感器的互补信息可以改善检测性能,并能获得更为全面的信息。

在实际应用中可根据具体的应用场合采用不同层次的融合,很多数据融合领域的专家认为在融合中应该更多地采用数据级融合,因为数据级含有的信息最为丰富。当传感器失效或传感器类型不同时,可采用特征级或决策级融合,它们在传感器失效时仍具有很好的鲁棒性,而在此种情况下由数据级融合得出来的结论往往是不可靠的。

3. 数据融合的应用

数据融合本身不是目的,而是某个控制系统或指挥系统的一个基本阶段,广泛地应用于各种智能系统和管理决策系统中。近十几年来在很多领域得到应用。在这些融合应用中,基本系统包括:目标或状态的监测、目标识别、目标分类、跟踪、监控和变化检测。这些应用又可以划分为两大类:军事应用与非军事应用。

大多数军事应用主要是处理军事目标的检测、定位、跟踪与识别,如舰艇、飞行器和导弹的检测跟踪,以及海洋监视系统、空对空与地对空防御系统等。在这些系统中,使用了大量的有源、无源传感器,如雷达探测接收仪、热成像仪、敌我识别传感器与光电图像传感器等。系统的复杂性会随着目标传感器配对、监视量的大小和实时操作要求的可能组合量的突发而上升。美国使用的MCS(陆军机动控制系统)、NTDS(海军战术数据系统)就是数据融合在这方面运用的实例。

非军事应用的领域主要有机器人和智能仪器系统、交通管制、安检系统、遥感图像处理、医学诊断、环境监控。譬如,机器人使用电视图像、声音信号、电磁信号和X射线来收集各种信息并进行融合处理,来自动回避障碍物。

随着传感器技术的发展及智能传感器系统的推广应用，数据融合技术会得到越来越广泛的应用；伴随着融合处理方法的不断发展、改进，数据融合会在越来越多的领域发挥它的优势。图像融合是数据融合的一个重要分支和重要应用领域，尤其是在遥感图像方面的研究和应用，更是近些年来学术界的热点研究领域之一。

### 3.1.2 不同遥感图像的特点

本小节研究的对象是由不同传感器获得的遥感图像，因此需要首先对遥感的概念、遥感图像的获取及遥感图像的属性做一个全面的了解。

1.遥感的基本概念及获取方式

遥感是一种远距离的、非接触的目标探测技术和方法。通过对目标进行探测，获取目标的信息，然后对所获取的信息进行加工处理，从而实现对目标进行定位、定性或定量的描述。它是一种以物理手段、数学方法和地学分析为基础的综合应用技术。目标信息的获取主要是利用从目标反射和辐射来的电磁波，接收从目标反射和辐射来的电磁波信息的设备称之为传感器。搭载这些传感器的载体称之为遥感平台。由于地面目标的种类及其所处环境条件的差异，地面目标具有反射或辐射不同波长电磁波信息的特性，遥感正是利用地面目标反射或辐射电磁波的固有特性，通过观察目标的电磁波信息以达到获取目标的几何信息和物理属性的目的。对于遥感平台和高度而言，从利用低空气球、无人飞机、飞艇、航空飞机等航空遥感平台，到人造卫星、太空站、航天飞机和各种太空探测器等航天遥感平台，在不同高度上获取各种不同比例尺的遥感图像。遥感获取的信息形式大致上分为图像形式和非图像形式（如频谱曲线、辐射量数据）两种。图像形式是其主要的形式，本小节的阐述对象是遥感的图像形式。

2.多源遥感图像的基本特点

遥感图像本身的特点是遥感信息的多源性。首先是由于平台载体的层次决定不同遥感平台的高度、运行速度、观测范围、图像分辨率等都不相同，加上波段不同，遥感利用的电磁波段频谱范围主要包括紫外线、可见光、红外线、微波，不同的波长谱段的电磁辐射与物质的相互作用不同，即物体在不同波段的反射率不同。为此人们已经研制了各种不同类型的传感器，设计了多种波谱频道来获取信息。

由此可见，现代遥感技术为目标观测提供了大量的多分辨率、多波段、多时相的多种遥感图像数据，并广泛用于地形测绘与地图更新、土地利用与城区识别、农业与森林资源调查、地质与洪涝灾害检测等。

### 3.1.3　不同遥感图像融合及应用的意义

随着遥感技术的迅猛发展和新型传感器的不断涌现，人们获取遥感图像数据的能力不断提高，由不同物理特性的传感器所产生的遥感图像不断增多，在同一地区往往可以获得大量的不同尺度、不同光谱、不同时相的图像数据信息。由于这些遥感图像数据在时间、空间和光谱方面差异很大，而各种传感器提供的遥感图像数据又各有特点，所以遥感技术应用的主要障碍是怎样从这些数据源中提取更丰富、更有用、更可靠的信息。

各种单一遥感手段获取的图像数据在几何、光谱、时间和空间分辨率等方面存在明显的局限性和差异性，而在现实应用中为了满足不同观测和研究对象的要求，这种局限性和差异性还将长期存在，导致其应用能力受限。所以仅仅利用一种遥感图像数据是难以满足实际需求的，同时为了对观测目标有一个更加全面、清晰、准确的理解与认识，人们也迫切希望寻求一种综合利用各类图像数据的技术方法。因此把不同的图像数据的各自优势和互补性综合起来加以利用就显得非常重要和实用。

经过大量的研究分析后，人们发现这些来自不同传感器的大量图像数据既有互补性，又存在很大的冗余性。在摆脱了传统使用单一传感器获得的图像数据进行分析处理的束缚之后，研究者们开始考虑如何把这些多源海量数据尽可能作为一个整体来综合利用，以便从中提取出更精细的信息结果，为人为决策或人工智能决策系统提供依据。因此综合利用多种图像进行数据提取和分析已经成为遥感领域研究的一个重要手段。如何把从各种不同传感器得到的数据融合起来，以便更充分地利用这些信息成为国际遥感界研究的主要课题之一。

与单源遥感图像数据相比，多源遥感图像数据所提供的信息具有冗余性、互补性和合作性。对这些互补信息的利用，可以提高系统的准确性和最终结果的可信度，而合作信息的应用，可提高协调性能。因此把多源图像数据各自的优势结合起来加以利用，获得对环境或对象正确的解译是很重要的。多源遥感图像数据融合则是丰富这些多种传感器信息的最有效途径之一，它为多源遥感图像数据的处理、分析与应用提供了全新的途径。将数据融合技术与遥感图像处理紧密地结合在了一起，被认为是现代多源图像处理和分析中非常重要的一步。

## 3.2 遥感图像融合效果评定方法的研究

目前在遥感图像的融合研究中，已经使用了很多的融合方法。在实际应用中，如何评定图像融合算法的性能是一个非常复杂的问题。衡量融合图像的效果时，应遵循以下原则：

1. 融合图像应包含各源图像中所有的有用信息，不破坏图像的色彩信息，也不能丢失图像的纹理信息，以便获得一个既有光谱信息又有空间信息的图像。

2. 合成图像中不应引入人为的虚假信息，否则会妨碍人眼识别以及后续的目标识别过程。

3. 算法应使融合图像的噪声降到最低程度。

4. 在图像配准等预处理效果不理想时，算法还应保持其可靠性和稳定性，即无论在什么气候条件下算法的性能都不会有太大的变化。

5. 在某些应用场合中应考虑到算法的实时性和可进行在线处理。

对同一对象，不同的融合方法可以得到不同的融合效果，即可以得到不同的融合图像。如何评定融合图像的质量，是图像融合的一个重要步骤。实际上，对融合图像质量评定的意义就是对融合图像处理技术和方法的评价。目前，在信息融合的研究中普遍存在重技术方法、轻质量评定的现象，即缺乏对融合效果进行系统、全面的评定。此外，融合效果的好坏同时反映了融合方法的优劣，所以对多源遥感图像融合效果评定进行系统的研究是十分必要的。

从本质上讲，遥感融合图像的质量包括三重意义：图像的可检测性、可分辨性和可量测性。图像的可检测性表示图像对某一波谱段的敏感能力；图像的可分辨性表示图像能为目视分辨两个微小地物提供足够反差的能力；图像的可量测性表示图像能正确恢复原始景物形状的能力。图像的可检测性和可分辨性统称为图像的构像质量，而图像的可量测性称为图像的几何质量。几何质量的评定比较简单和直观，它表示遥感器所构成的像点与相应的理想像点在几何位置上的差异。图像构像质量的评定比较复杂和困难，既包括图像的表达层次，又包括显微结构对构像质量的影响，而且还与图像使用者的要求有关，在很多情况下，不同的使用者对同一图像的构像质量会做出不同的评价。

在目前的图像融合效果评定中，已使用的评定方法大都比较零散，而且很不全面。本小节按使用条件和使用用途对遥感图像融合效果评定方法系统地进行了分析，并同时提出了一些新的评定方法。

### 3.2.1　主观融合效果评定法

对于遥感融合图像的评定方法一般可分为两大类：一类是采用目视评估的方法，即主观评定法；另一类是客观融合效果评定法。主观评定法是由观察者直接用肉眼对融合图像的质量进行评估，根据人的主观感觉和统计结果对图像质量的优劣来做出评判。例如，可以让观察者对用不同融合方法得到的融合图像中的特定目标进行识别，测量出识别时间并统计出识别的正确率，从而判断出图像融合方法性能的优劣和融合图像质量的好坏。主观评定法具有简单、直观的优点，对明显的图像信息可以进行快捷、方便的评价，在一些特定应用中是十分可行的。例如美国国防部高级研究计划局资助的先进夜视系统开发计划中，研究者就是用主观评定方法来比较两种假彩色图像融合方法的好坏。由于这套系统是用来提高飞行员夜视能力的，所以主观评定法不失为一种较好的选择。

主观评定法可以用于判断融合图像是否配准，如果配准得不好，那么图像就会出现重影，反过来通过图像融合也可以检查配准精度：直接比较图像差异来判断光谱是否扭曲和空间信息的传递性能，以及是否丢失重要信息；判断融合图像纹理及色彩信息是否一致，融合图像整体色彩是否与天然色彩保持一致，如居民点图像是否明亮突出，水体图像是否呈现蓝色，植被图像是否呈现绿色；判断融合图像整体亮度、色彩反差是否合适，是否有蒙雾或马赛克等现象出现；判断融合图像的清晰度是否降低、图像边缘是否清楚等。主观评定法是最简单、最常用的方法，通过它对图像上的田地边界、道路、居民地轮廓、机场跑道边缘的比较，可直观地得到图像在空间分解力、清晰度等方面的差异。且由于人眼对色彩具有强烈的感知能力，使得对光谱特征的评价是任何其他方法无法比拟的。这种方法的主观性比较强，人眼对融合图像的感觉很大程度上决定了遥感图像的质量。

融合图像质量评价离不开视觉评价，这是必不可少的。但因为人的视觉对图像上的各种变化并不敏感，图像的视觉质量强烈地取决于观察者，具有主观性、不全面性。因此需要与客观的定量评价标准相结合进行综合评定，即对融合图像质量在主观目视评定的基础上，进行客观定量评定。

### 3.2.2 客观融合效果评定法

由于主观评定方法带有一定片面性，而且也经不起重复检查，因为当观测条件发生变化时，评定的结果有可能产生差异。因此人们提出了一些不受人为因素影响的客观评价方法。按照评定方法需要的条件不同，我们对评定的方法进行分类研究。

1. 根据单个图像统计特征的评定方法

设图像为 Z，图像函数为 $Z(x,y)$。图像的行数和列数分别为 $M$ 和 $N$，则图像的大小为 $M\times N$。$L$ 为图像的总的灰度级。

1）信息熵 $E$

图像的熵值是衡量图像信息丰富程度的一个重要指标，熵值的大小表示图像所包含的平均信息量的多少。对于一幅单独的图像，可以认为各像素的灰度值是相互独立的样本，则这幅图像的灰度分布为 $P=\{P_0,P_1,\cdots,P_i,\cdots,P_{L-1}\}$，$p_i$ 为灰度值等于 $i$ 的像素数与图像总像素数之比。融合前后的图像，其信息量必然会发生变化，计算信息熵可以客观地评价图像在融合前后信息量的变化。根据香农信息论的原理，一幅图像的信息熵为：

$$E=-\sum_{i=0}^{L-1}P_i\log_2 P_i \tag{3.1}$$

在某种程度上可以认为，如果融合图像的熵越大，表示融合图像的信息量增加，融合图像所含的信息越丰富，融合质量越好。

2）图像均值 $\overline{Z}$

图像均值是像素的灰度平均值，对人眼反映为平均亮度。其定义为：

$$\overline{Z}=\frac{\sum_{i=1}^{M}\sum_{j=1}^{N}Z(x_i,y_j)}{M\times N} \tag{3.2}$$

在评定多光谱图像融合前后的光谱变化时，可用图像均值来衡量。对于强调光谱保持来说，融合前后的图像均值最好保持不变。

3）平均梯度 $\overline{G}$

平均梯度可敏感地反映图像对微小细节反差表达的能力，可用来评价图像的模糊程度。图像模糊程度是指图像中的边界和线条附近图像变模糊了，即灰度变化率小了，而变化率的大小可以用梯度来表示。在图像中，某一方向的灰度级变化率大，其梯度也就大。因此，可以用平均梯度值来衡量图像的清晰度，还同时反映出图像中微小细节反差和纹理变换特征。其计算公式为：

$$\overline{G}=\frac{1}{(M-1)(N-1)}\sum_{i=1}^{M-1}\sum_{j=1}^{N-1}\sqrt{\frac{\left[\left(\frac{\partial Z(x_i,y_j)}{\partial x_i}\right)^2+\left(\frac{\partial Z(x_i,y_j)}{\partial y_j}\right)^2\right]}{2}} \tag{3.3}$$

一般来说，$\overline{G}$ 越大，图像层次越多，表示图像越清晰。因此可以用来评定融合图像在微小细节上的表达能力。

4）标准差 $\sigma$

标准差反映了图像灰度相对于灰度平均值的离散情况，在某种程度上，标准差也可用来评价图像反差的大小。若标准差大，则图像灰度级分布分散，图像的反差大，可以看出更多的信息。标准差小，即图像反差小，同时对比度不大，色调单一均匀，看不出太多的信息。标准差的公式为：

$$\sigma=\sqrt{\sum_{i=1}^{M}\sum_{j=1}^{N}\frac{[Z(x_i,y_j)-\overline{Z}]^2}{M\times N}} \tag{3.4}$$

5）空间频率 SF

空间频率反映了一幅图像空间的总体活跃程度，它包括空间行频率 RF

和空间列频率 CF。其公式为：

$$\mathrm{RF}=\sqrt{\frac{1}{M\times N}\sum_{i=1}^{M}\sum_{j=2}^{N}[Z(x_i,y_j)-Z(x_i,y_{j-1})]^2} \tag{3.5}$$

$$\mathrm{CF}=\sqrt{\frac{1}{M\times N}\sum_{i=2}^{M}\sum_{j=1}^{N}[Z(x_i,y_j)-Z(x_{i-1},y_j)]^2} \tag{3.6}$$

总体的空间频率值取 RF 和 CF 的均方根，即为：

$$\mathrm{SF}=\sqrt{\mathrm{RF}^2+\mathrm{CF}^2} \tag{3.7}$$

此类方法计算比较简单，只需比较源图像与融合图像的统计特性值就可以看出融合前后的变化，也可以比较采用不同融合方法所得到的图像质量，从而可以评定出融合方法的优劣。

2. 根据融合图像与标准参考图像关系进行评定的方法

设融合图像为 $F$，其图像函数为 $F(x,y)$。标准参考图像为 $R$，其图像函数为 $R(x,y)$。由于图像融合中源图像都是事先经过严格配准的，所以所有图像的大小都是一样的。设图像的行数和列数分别为 $M$ 和 $N$，则图像的大小为 $M\times N$。$L$ 为图像的总的灰度级。

1）均方根误差 RMSE

均方根误差用来评价融合图像与标准参考图像之间的差异程度。如果差异小，则表明融合的效果较好。均方根误差定义为：

$$\mathrm{RMSE}=\sqrt{\frac{\sum_{i=1}^{M}\sum_{j=1}^{N}[R(x_i,y_j)-F(x_i,y_j)]^2}{M\times N}} \tag{3.8}$$

2）信噪比 SNR 和峰值信噪比 PSNR

图像融合后去噪效果的评价原则为信息量是否提高、噪声是否得到抑制、均匀区域噪声的抑制是否得到加强、边缘信息是否得到保留、图像均值是否提高等。在这里我们认为融合图像与标准参考图像的差异就是噪声，而标准参考图像就是信息。

融合图像信噪比 SNR 定义为：

$$\mathrm{SNR}=10\times\lg\frac{\sum_{i=1}^{M}\sum_{j=1}^{N}F(x_i,y_j)^2}{\sum_{i=1}^{M}\sum_{j=1}^{N}[R(x_i,y_j)-F(x_i,y_j)]^2} \tag{3.9}$$

融合图像峰值信噪比 PSNR 定义为：

$$\mathrm{PSNR}=10\times\lg\frac{MN\{\max[F(x,y)-\min(F(x,y)]\}}{\sum_{i=1}^{M}\sum_{j=1}^{N}[R(x_i,y_j)-F(x_i,y_j)]^2} \tag{3.10}$$

此类方法主要是通过比较融合图像与标准参考图像之间的关系，来评价融合图像的质量以及融合效果的好坏。由于在使用中需要标准参考图像，而在遥感图像融合的实际应用中，标准参考图像不一定都能得到，所以此类方法的使用受到一定的限制。

3. 评价指标的选取

对于图像融合效果评价指标的选取，主要指的是对客观评价指标的选取。它一方面是根据融合的目的来选取评价指标，以此来比较融合图像的质量；另一方面则是通过比较融合图像来比较融合方法的优劣。

1）提高图像空间分辨率

提高图像空间分辨率也是遥感图像融合的一个重要目的。对于这种目的的图像融合，评价它的效果可以选用图像的标准差、高频分量相关系数等指标。

2）提高信息量

提高信息量是图像融合最重要的目的之一，图像融合本身也是提高遥感图像信息量的一个重要手段。对于融合图像的信息量是否提高，可以采用熵、交叉熵、交互信息量、联合熵以及标准差等指标来评价。

3）提高清晰度

图像融合往往要求在保持原有主要信息不丢失的情况下，提高图像的质量，增强图像的细节信息和纹理特征，以及保持边缘细节。可以选用平均梯度、空间频率等评价指标。

4）比较融合方法的优劣

通过对同样一组源图像采用不同的融合方法进行融合，可以得到不同的融合结果。那么如何从这些融合方法中挑出最适合的方法呢？可以采用均方根误差、交叉熵、交互信息量、联合熵等方法来评估。

5）融合图像的光谱性质

融合图像与源图像相比，其光谱特性是否发生变化，可以通过偏差与相对偏差、相关系数等评价方法得到结果。

6) 降低图像噪声

图像融合很少用于降噪用途。一般情况下，从传感器得到的遥感图像都是有噪声的图像，而后续的图像处理一般要求把噪声控制在一定范围内。因此，可以采用融合的方法来降低噪声，提高信噪比。对于这种用途，评价方法一般选用信噪比 SNR 和峰值信噪比 PSNR 等指标。

### 3.2.3 实验分析

为了对上述客观评价方法进行比较验证，我们做了大量的实验，现选取其中的一组实验来加以说明，如图 3.1 所示。其中，图 3.1(a) 和图 3.1(b) 为两幅源图像。图 3.1(a) 是 SPOT XS2 图像，图 3.1(b) 是同一地区的 SPOT XS3 图像。它们都是大小为 256×256 像素，具有 256 级灰度级的图像。为了更好地比较融合效果，在实验中我们还利用了基于梯度金字塔形变换的融合方法来获得融合图像以进行比较。图 3.1(c) 至图 3.1(h) 是采用不同方法得到的融合图像。

(a)源图像—SPOT XS2

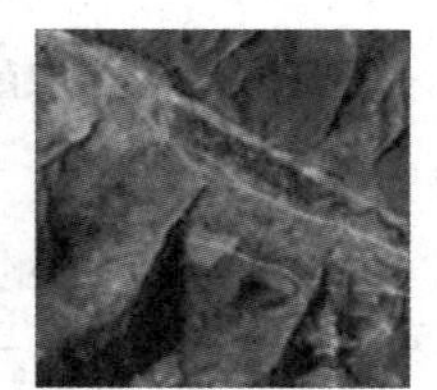

(b)源图像—SPOT XS3

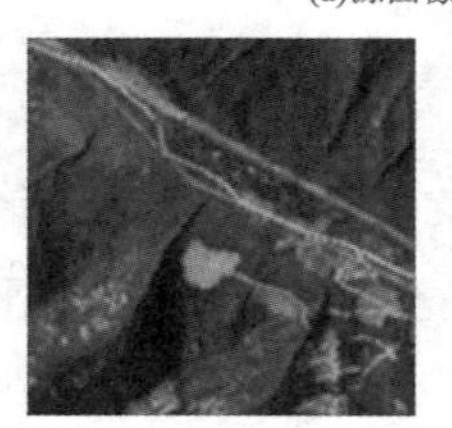

(c)融合图像—梯度金字塔 2 层分解

(d)融合图像—小波变换 2 层分解

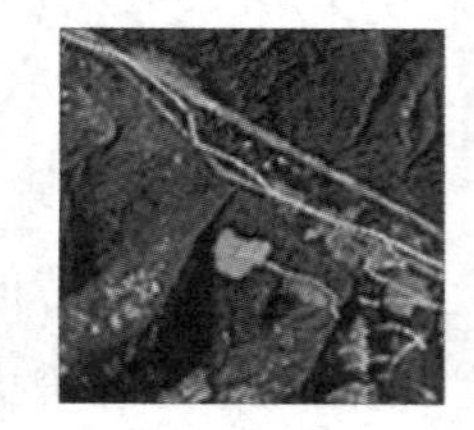

(e)融合图像—小波包变换 2 层分解

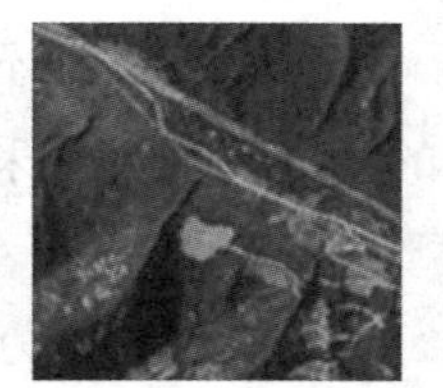

(f) 融合图像—梯度金字塔 3 层分解

(g) 融合图像—小波变换 3 层分解

(h) 融合图像—小波包变换 3 层分解

**图 3.1 基于小波包变换的图像融合实验**

为了更好地评价融合效果，我们选取了一些客观评价指标，包括反映融合图像信息和质量的信息熵、平均梯度和标准差，以及反映融合图像与源图像关系的交互信息量。计算的结果见表 3.1。

**表 3.1　图 3.1 各个融合图像的客观评价参数计算结果**

| 计算结果 | | 客观评价指标 | | | |
|---|---|---|---|---|---|
| | | 信息熵 | 平均梯度 | 标准差 | 交互信息量 |
| 源图像 | 图 3.1(a) | 7.0384 | 7.3106 | 43.854 | — |
| | 图 3.1(b) | 7.1411 | 6.3397 | 41.027 | — |
| 融合图像 | 图 3.1(c) | 7.2098 | 7.1443 | 38.702 | 3.0942 |
| | 图 3.1(d) | 7.3457 | 8.2618 | 43.768 | 3.2126 |
| | 图 3.1(e) | 7.4121 | 8.7813 | 46.335 | 3.3057 |
| | 图 3.1(f) | 7.2835 | 7.7584 | 37.978 | 3.4152 |
| | 图 3.1(g) | 7.3771 | 9.0731 | 45.624 | 3.5703 |
| | 图 3.1(h) | 7.3775 | 9.0777 | 45.864 | 3.5752 |

从肉眼观察和客观评价参数计算两个方面我们可以看出，图 3.1(e) 的图像质量要好于图 3.1(d) 和图 3.1(c)，这说明当分解层次为 2 时，基于小波包变换的图像融合方法要优于其他的两种方法。图 3.1(h) 和图 3.1(g) 的图像质量都要优于图 3.1(f)，说明基于小波和小波包变换的图像融合方法要优于基于梯度金字塔形变换的方法，但同时我们也可以看到，这两幅图像之间的差异已经很小了。这是因为随着分解层的增加，在图像的高频部分所包含的信息量已经很少了，再对它们进行分解处理已经没有多大的意义了。而且，随着分解层数的增加，会极大地增加小波包分解的运算量。因此，利用小波包进行图像融合时，分解层数不宜过大(一般不超过 3 层，如果超过 3 层时，宜直接利用小波分解代替)。

## 3.3　多源遥感图像的直接融合方法

遥感图像的直接融合方法是最早被使用的图像融合方法，因其具有简单、快捷的特点，所以这类方法到目前还在被广泛地应用着。它的基本原理是不对参加融合的源图像进行任何的变换或分解，而是直接对各个源图像中的对应像素进行简单的操作处理，从而融合成一幅新的图像。

需要融合的源图像的形式有很多,本小节主要研究最具有代表性的两类源图像之间的融合。一类是灰度图像之间的融合(相同分辨率或不同分辨率),另一类是高分辨率灰度图像与低分辨率多光谱图像之间的融合。彩色图像(真彩色图像或假彩色图像)是多光谱图像的一种表现形式,它是由3个波段的灰度图像构成RGB彩色图像的三个通道。当利用数字技术把红色波段的图像作为合成图像中的红色通道、把绿色波段的图像作为合成图像中的绿色通道、把蓝色波段的图像作为合成图像中的蓝色通道时,得到的图像就是真彩色图像,它的颜色与实际地物的颜色基本一致;而其他的彩色图像就是假彩色图像。彩色图像是一种可以显示的图像,因此为了能在形式上给出一个直观的效果,我们在本章和以后的章节讨论中就用彩色图像来代表多光谱图像。对于多光谱图像的其他形式(不论其波段数是大于3的,还是小于3的),都可以依此类推。本章在介绍一些常用的遥感图像的来源和特性(也是本小节实验中所要使用的图像数据)以及遥感图像预处理的基础上,先讨论灰度图像之间的融合方法,然后再讨论多光谱图像的融合方法。

### 3.3.1 遥感图像的预处理

遥感图像从表现形式上可大致分为两种类型,即灰度图像和多光谱图像。灰度图像是指图像由单一图像构成,图像上的每个像素反映图像的亮度信息。典型的灰度图像有SPOT卫星的全色图像、SAR图像等。在遥感中,多光谱图像的利用大大开拓了遥感应用的领域,可以利用它来提高分析判读的效果。每个目标的光谱信息还可利用多种光谱图像来记录。在多光谱图像中,每一个像素都有空间坐标$x$、$y$以及谱坐标$\lambda$(波长),谱坐标通常被量化成少量几个离散的谱段。任一谱段中的每个像素在其他谱段中都有一个空间上与之对应的像素,这样在有$N$个谱段的图像上的每个像素就有$N$个灰度值,因此多光谱图像就可以拆分为$N$个灰度图像。通常说的彩色图像(真彩色或伪彩色)就是由任意3个波段的灰度图像构成的。

在灰度图像类型中,除了大量的卫星全色图像外,还有近些年被广泛应用的合成孔径雷达(synthetic aperture radar,SAR)图像。SAR是一种具有高空间分辨率的微波遥感雷达，具有全天候、多极化、多视角数据获取能力，可穿透烟雾、云层、树林等地物，图像具有丰富的地物纹理信息。

通常情况下，不同类型的传感器图像之间进行融合时，由于它们之间成像方式不同，其系统误差类型也不同。如 SPOT 与 TM 图像融合时，SPOT 的 HRV 传感器是以 CCD 推扫式扫描成像的，而 TM 则是通过反射镜转动扫描方式成像的，因而不同类型图像进行融合时必须先进行几何校正，改正其系统误差。SAR 所记录的地物几何特征和位置是根据斜射程确定的，因而存在因透视收缩、阴影、叠掩等多种畸变因素导致的几何失真。因此，几何畸变是指图像上像素的位置坐标与地图坐标系中的目标坐标的差异，它是由遥感器的内外部参数和图像投影方式的差异等因素引起的。几何校正一般先根据遥感图像几何畸变的性质和可用于校正的数据来确定几何校正的方法，然后根据原始图像上的像点和几何校正后的图像上的像点之间的变换公式，并根据控制点等数据确定变换公式中的相关参数。之后，检查几何畸变能否得到充分的校正，若几何畸变不能得到有效的校正，则分析其原因，提出其他的几何校正方法。最后，在确定校正有效之后，对原始输入图像进行重采样，得到消除几何畸变的图像。校正方法很多，归纳起来有两种，即多项式逼近法和几何模型校正法，其中多项式逼近法只适用于地形平坦地区，而对于地形起伏大的地区则需采用几何模型校正法。图像融合对几何校正的精度要求较高，一般要求误差在 1 个像素以内。

遥感图像配准的目的在于消除不同传感器图像在拍摄角度、时相及分辨率等方面的差异。图像配准算法可分为两大类，即基于灰度匹配的方法（例如相关系数法）和基于特征匹配的方法。前者主要用空间域或频率域的一维或二维滑动模板进行图像匹配，不同算法主要区别体现在模板及相关准则的选取方面。后者则通过在欲配准的原始图像上，选择如边界、线状物交叉点、区域轮廓线等明显的特征，采用一定配准算法，找出两幅图像上对应的明显地物点作为控制点。根据控制点，建立影像间的映射关系，根据映射关系对待配准图像进行重采样。根据特征点提取方法的不同，配准方法可分为基于区域的自动配准方法和基于特征的配准方法。基于特征的配准方法提取对比例、缩放、旋转、灰度变换具有不变性的特征。特征的提取既可以在空间域中进行，也可以在变换域中进行。在空间域中，常使用的特征包括边缘、区域、线的端点、线交叉点、区域中心等。在变换域中，可以利用小波变换等得到特征点。图像融合对图像配准的精度要求很高，一般要求误差在 1 个像素以内。

### 3.3.2 灰度图像之间的融合方法

像素级图像的直接融合方法主要包括：像素灰度值加权平均图像融合法、像素灰度值选大的图像融合法、像素灰度值选小的图像融合法。

本小节以两幅源图像的融合为例来说明图像的融合过程及融合方法。对于三幅及以上的多个源图像融合的情况可以简单地类推。假设参加融合的两幅图像为已经经过严格配准的源图像 $A$、$B$，其图像函数分别为 $A(i,j)$、$B(i,j)$。由源图像经过融合得到的融合图像为 $F$，其图像函数为 $F(i,j)$。所有图像的大小都是一样的。设图像的行数和列数分别为 $M$ 和 $N$，则图像的大小均为 $M \times N$。

1. 加权平均图像融合方法

对 $A$、$B$ 两幅源图像的像素灰度值加权平均融合过程可以表示为：

$$F(i,j)=k_1A(i,j)+k_2B(i,j) \tag{3.11}$$

式(3.11) 中，$i$，$j$ 分别为图像中像素的行号和列号，$i=1,2,\cdots,M$，$j=1,2,\cdots,N$；$k_1$，$k_2$ 分别为图像 $A$、$B$ 的加权系数，通常 $k_1+k_2=1$。

图像灰度值的平均可看作是灰度值加权平均的特例($k_1=k_2=0.5$)。在一些情况下，参加融合的图像包含大量的冗余信息，通过这种融合可以得到更丰富的信息，适合于源图像差异不大的地方，但同时也在一定程度上使图像中的边缘和轮廓变得模糊，图像的对比度有所降低。

2. 像素灰度值选大的图像融合法

像素灰度值选大的图像融合方法可以表示为：

$$F(i,j)=\max\{A(i,j),B(i,j)\} \tag{3.12}$$

即在进行图像融合时，比较源图像 $A$、$B$ 中对应位置 $(i,j)$ 处像素的灰度值的大小，以其中灰度值较大的像素值作为融合图像 $F$ 在位置 $(i,j)$ 处的像素值。

这种融合方法只是简单地选择参加融合的源图像中灰度值大的像素作为融合后的像素，融合过程中使图像的对比度有所下降，一般只适用于源图像差异不大的地方，或者是用在以“较亮”的源图像为基准，用“较暗”的源图像对其进行信息补充的场合，所以该融合方法的适用场合很有限。

3. 像素灰度值选小的图像融合法

像素灰度值选小的图像融合方法可以表示为：

$$F(i,j)=\min\{A(i,j),B(i,j)\} \tag{3.13}$$

与像素灰度值选大的图像融合方法类似，只是在进行图像融合时，以源图像 $A$、$B$ 中灰度值较小的像素值作为融合图像 $F$ 相应的像素值。它的适用范围同样很有限，只能适用于与源图像差异不大的地方，或者是用在以“较暗”的那幅源图像为基准，用“较亮”的源图像对其进行信息补充的场合，并且同样存在融合图像对比度下降的现象。

4. 实验分析

图 3.2 给出的是一组不同分辨率图像的融合实验图，图 3.2(a) 与图 3.2(b) 是源图像，其中图 3.2(a) 是 SPOT 遥感卫星的全色 PAN 图像，而图 3.2(b) 是 SPOT XS3 波段的图像。这两幅源图像都是 256 级灰度，其图像大小均为 256×256 像素。从图像上可以看出由于它们的波段和空间分辨率不同，所以反差很大。

图 3.2(c) 至图 3.2(f) 是采用上述方法得到的融合图像。其中图 3.2(c) 是直接对源图像求平均后(相当于 $k_1=k_2=0.5$) 得到的图像，而图 3.2(d) 是用加权平均法得到的融合图像($k_1=0.25, k_2=0.75$)。图 3.2(e) 和图 3.2(f) 是分别用像素灰度值选大和选小的图像融合法得到的融合图像。

从直观上看，融合图像的效果都不太理想，图像中的边缘、轮廓有些变得模糊，图像的对比度有所降低。

从表 3.2 的结果可以看出，融合图像的某些指标对比表 3.1 存在下降趋势，这说明融合的效果不理想，这一点同主观评价的结果是一致的。原因在于源图像的反差太大，此类融合方法不适合对这类图像进行融合处理，也说明了此类方法的应用范围是比较有限的(适合于源图像差异不大的地方)。

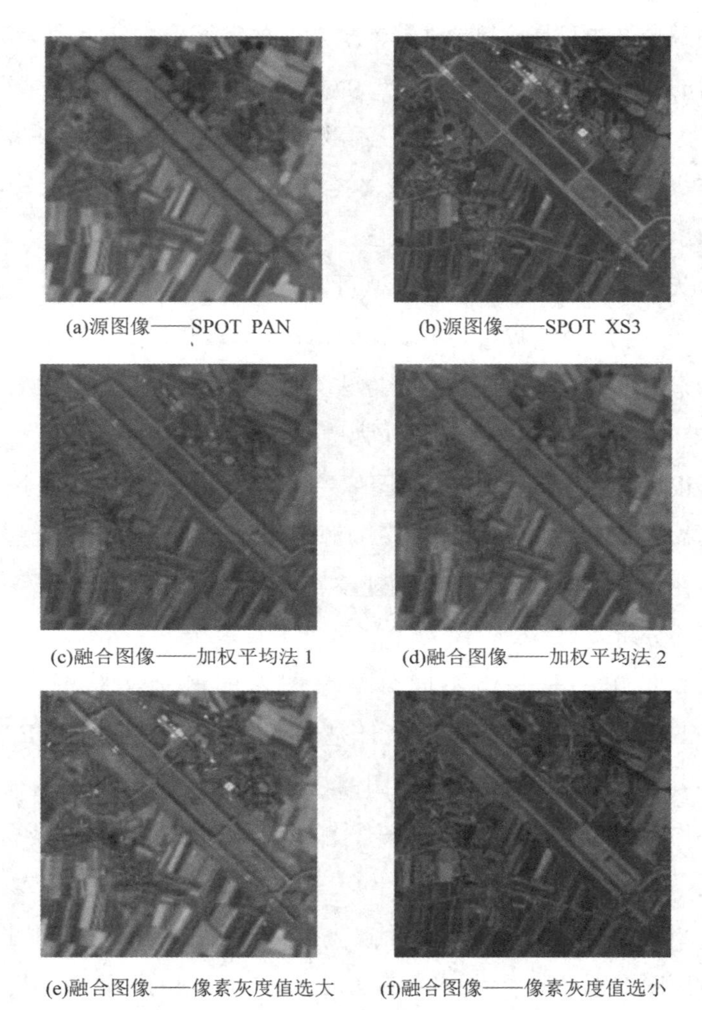

(a)源图像——SPOT PAN　(b)源图像——SPOT XS3

(c)融合图像——加权平均法1　(d)融合图像——加权平均法2

(e)融合图像——像素灰度值选大　(f)融合图像——像素灰度值选小

**图 3.2　不同分辨率之间的融合实验**

**表 3.2　图 3.2 中各个融合图像的客观评价参数计算结果**

| 计算结果 | 源图像与融合图像 | | | | | |
|---|---|---|---|---|---|---|
| | 图 3.2(a) | 图 3.2(b) | 图 3.2(c) | 图 3.2(d) | 图 3.2(e) | 图 3.2(f) |
| 信息熵 | 6.1385 | 6.2093 | 6.0459 | 6.3324 | 6.5859 | 6.1898 |
| 平均梯度 | 6.2825 | 4.9257 | 4.2763 | 4.2362 | 5.8812 | 5.1302 |
| 联合熵 | — | — | 0.8030 | 0.6929 | 1.1345 | 0.8766 |
| 相关系数 $\rho$ | — | — | 0.5243 | 0.5246 | 0.5073 | 0.4454 |
| 交互信息量 | — | — | 1.1547 | 2.0343 | 2.7866 | 2.3702 |

### 3.3.3　多光谱图像的融合方法

以上用于灰度图像的融合方法也可以用于多光谱图像的融合，使用时可将多光谱图像分解为 $K$ 个灰度图像，然后分别进行融合处理，最后再将它们合成为一个多光谱图像。这样处理虽然也可以得到融合图像，但由于没有考虑多光谱图像自身的特点，因此效果一般不会很理想。

在融合过程中，应在尽可能保持源图像光谱信息的前提下，来提高其空间分辨率。由于图像的光谱信息多集中在低频部分，因此对于高空间分辨率全色图像和低空间分辨率多光谱图像的融合而言，融合准则是尽可能保持多光谱图像的光谱信息（即低频部分），并在此基础上融合高空间分辨率图像的高频信息，以获得光谱分辨率和空间分辨率都比较高的融合结果，从而提高图像的解译能力。理论上要求融合的图像不仅要具有较高空间分辨率和较高的几何信息内容，而且多光谱图像的光谱特性不应产生变化。但实际上，通过融合增强多光谱图像空间分辨率，必然会产生多光谱图像光谱特性或多或少的变化。下面我们介绍一些针对多光谱图像的融合方法。

1. 加权融合法

此方法与灰度图像之间的加权融合方法相似，只是在融合系数的选择上更多一些，而且融合的效果与权系数的选取有关，如式(3.14) 所示：

$$\begin{cases} R_F = a_1 R_{MS} + a_2 I_P \\ G_F = b_1 G_{MS} + b_2 I_P \\ B_F = c_1 B_{MS} + c_2 I_P \end{cases} \tag{3.14}$$

式(3.14) 中，$I_P$ 为高分辨率全色图像；$R_{MS}$、$G_{MS}$、$B_{MS}$ 为低分辨率多光谱图像的红、绿、蓝通道图像；$R_F$、$G_F$、$B_F$ 为融合图像的红、绿、蓝通道图像；$a_1$，$a_2$，$b_1$，$b_2$，$c_1$，$c_2$ 为权系数，它们一般需要根据经验来确定。

这种算法的优点在于简单易行，融合图像包含了高分辨率图像的一些细节，因而空间分辨率有所提高，也体现出了多光谱图像的信息和全色图像的高分辨率信息。但由于在每个波段中加入了基本相同的信息（仅仅是系数的不同），使得图像的对比度有所下降，在色彩层次上也没有源图像丰富，而且融合图像和源图像的光谱特征有较大差异。

2. Brovey 图像融合法

Brovey 图像融合也称为色彩标准化(color normalized) 变换融合，其方式是将多光谱图像的像方空间分解为色彩和亮度成分并进行计算，是一种常用于多光谱图像增强的比值变换融合方法。比值变换能消除空间或时间变换后产生的增益和偏置因子。该方法主要应用于假设高分辨率全色图像的光谱相应范围与低分辨率多光谱图像相同或相近。其计算公式为：

$$\begin{cases} R_F = \dfrac{R_{MS}}{R_{MS}+G_{MS}+B_{MS}} \times I_P \\ G_F = \dfrac{G_{MS}}{R_{MS}+G_{MS}+B_{MS}} \times I_P \\ B_F = \dfrac{B_{MS}}{R_{MS}+G_{MS}+B_{MS}} \times I_P \end{cases} \tag{3.15}$$

式(3.15)中，$I_P$ 为高分辨率全色图像；$R_{MS}$、$G_{MS}$、$B_{MS}$ 为低分辨率多光谱图像的红、绿、蓝通道图像；$R_F$、$G_F$、$B_F$ 为融合图像的红、绿、蓝通道图像。

得到融合图像的各个波段数据后，还必须对其进行灰度拉伸，使其灰度值范围与源图像各个波段的灰度值范围一致，最终得到彩色的融合图像。

此方法的优点在于简化了图像转换过程的系数，在增强图像的同时还能够保持源图像一定的光谱信息。但是如果源图像的光谱范围不一致，则融合图像的光谱将产生严重的失真现象，影响此方法的使用。另外，多光谱图像必须是含有三个波段的真彩色或伪彩色图像。该方法可适用于 SPOT 全色图像与其多光谱图像之间的融合、SPOT 全色图像与 TM 多光谱相近波段图像的融合。

3. 高通滤波融合法

高通滤波(high-pass filtering) 融合法是采用一个较小的空间高通滤波器对高空间分辨率图像进行滤波，滤波得到的结果保留了与空间信息有关的高频分量信息(即细节和纹理信息)，然后把高通滤波的高频分量信息的像素逐个叠加到低空间分辨率的多光谱图像上而进行融合。这样一来，多光谱图像的光谱信息得到了尽可能地保持，并在一定程度上加入了高分辨率图像的细节信息，从而达到了融合的目的。其表达式为：

$$\begin{cases}R_F = R_{MS} + \mathrm{HP}(I_P)\\G_F = G_{MS} + \mathrm{HP}(I_P)\\B_F = B_{MS} + \mathrm{HP}(I_P)\end{cases} \tag{3.16}$$

式(3.16) 中，$R_{MS}$、$G_{MS}$、$B_{MS}$ 为低分辨率多光谱图像的红、绿、蓝通道图像；$R_F$、$G_F$、$B_F$ 为融合图像的红、绿、蓝通道图像；$I_P$ 为高分辨率全色图像；$\mathrm{HP}(I_P)$ 表示采用空间高通滤波器对 $I_P$ 图像滤波得到的高频图像。

该方法将高空间分辨率图像的高频信息与多光谱图像的光谱信息融合，获得空间分辨率增强的多光谱图像。此方法中，滤波器的使用是一个重要的因素。本小节采用高斯滤波器对高分辨率图像滤波来获取图像的低频成分和高频成分，然后进行融合处理，得到了满意的融合图像。由于一般成像系统的点扩散函数呈正态分布，因此采用高斯正态分布函数作为滤波器对高分辨率图像滤波是合理的。采用高斯滤波器能保证滤波得到的高频成分产生的空间位置误差小，因而融合的图像对后续的分类、边缘检测和分割处理等都是有效的。此外，采用此方法的滤波器尺寸大小是固定的，因此对于不同大小的各种地物类型很难找到一个理想的滤波器。若滤波器尺寸选取得过小，则融合后的图像将包含过多的纹理特征，并难于将高分辨率图像中的空间细节融入结果中；若滤波器尺寸选取得过大，则难于将高分辨率图像中重要的纹理特征加入低分辨率图像中。针对不同空间分辨率之比的图像融合，高斯滤波器的大小应取高分辨率图像和低分辨率图像空间之比的两倍左右。如对空间分辨率之比为1∶2、1∶3和1∶4的高分辨率图像和低分辨率多光谱图像的融合，滤波器的大小可以分别取为 $3\times3$、$5\times5$ 和 $7\times7$。

高通滤波融合法使用简单，并且对多光谱图像的波段数没有限制。利用此法得到的融合图像只有很小的光谱畸变，但其空间分辨率改善也相对较少。需要说明的是，高通滤波融合法不是一种多分辨分析方法，因为它并不能对图像数据进行任意尺度的分解。

4. 实验分析

利用本章提出的融合方法进行实验的结果如图 3.3 所示。实验中的多光谱图像由 TM 图像构成，由 TM3、TM2 和 TM1 三个波段分别构成图像的红、绿、蓝通道，得到了图 3.3(a)，而图 3.3(b) 为高空间分辨率全色图像。

用本章介绍的方法得到四幅融合图像，图 3.3(c) 至图 3.3(f)。其中，图 3.3(c) 是采用平均加权融合法中得到的融合图像；图 3.3(d) 也是采用加权平均法得到的融合图像，与图 3.3(c) 不同的是融合的系数不同；利用 Brovey 图像融合法得到的融合图像如图 3.3(e) 所示；图 3.3(f) 则是采用高通滤波融合法得到的图像。

将融合图像与源图像比较可以发现，利用平均加权融合法得到的融合图像光谱变异很大，另一个采用加权融合法得到的融合图像[图 3.3(d)] 由于多光谱部分占的权重比较大，所以光谱质量保持较高，但其空间分辨率却改变不大。利用 Brovey 融合法可以得到增强的融合图像[图 3.3(e)]，但融合图像的光谱还是产生了比较严重的失真现象。图 3.3(f) 是四幅融合图像中效果最好的，它基本上保持了源图像的光谱信息，而且空间分辨率也得到了一定的提高，图像被加入了更多的细节信息。

为了对融合图像进行客观的评价，我们用定量的方法对图像进行效果分析。在比较融合图像与低分辨率多光谱图像时，我们选择图像的均值、偏差和相关系数等评价指标。在评价融合图像的质量(信息是否丰富) 时，选择信息熵、平均梯度；在评价融合图像从高分辨率全色图像中获得的信息量时，我们选择联合熵来评价。计算的结果见表 3.3。

在计算中，我们将多光谱图像分解成红、绿、蓝三个通道来分别计算，与融合图像相应的红、绿、蓝三个通道的图像做比较。从表 3.3 中相关数据可以看出，与源图像[图 3.3(a)] 相比，反映图像信息含量多少的评价参数信息熵、平均梯度值指标在融合图像中的反映[图 3.3(c) 至图 3.3(f)] 各有不同。图 3.3(c) 和图 3.3(d) 的信息熵都有很大的下降，平均梯度指标也没有多少变化[图 3.3(c) 平均梯度指标要略高于图 3.3(d)，是因为它有更多的成分来自高分辨率全色图像]，说明加权融合法导致了图像信息量的下降和图像的模糊。而图 3.3(f) 的熵和平均梯度值与源图像相比没有太大的变化(只是略微有些下降)，图 3.3(e) 的这些指标次之。这说明在上述融合方法中，采用高通滤波融合法得到的融合图像对源图像的信息含量保持得最好。

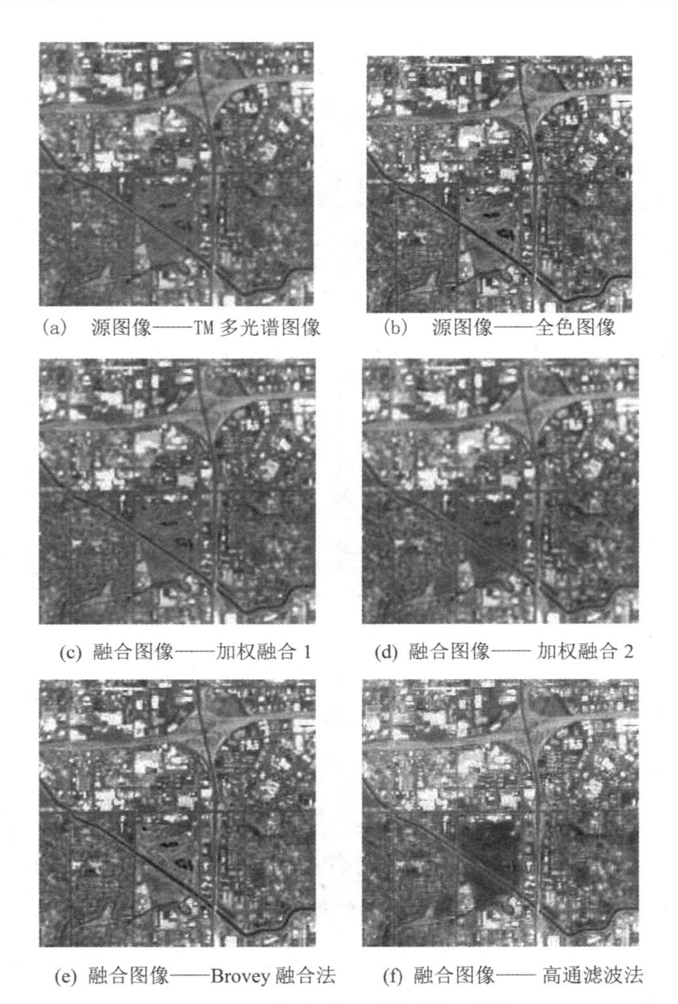

(a) 源图像——TM 多光谱图像 (b) 源图像——全色图像

(c) 融合图像——加权融合 1 (d) 融合图像—— 加权融合 2

(e) 融合图像——Brovey 融合法 (f) 融合图像—— 高通滤波法

**图 3.3 多光谱图像的直接融合**

**表 3.3 图 3.3 中图像的评价参数结果**

| 计算结果 | | | 客观评价指标 | | | | | |
|---|---|---|---|---|---|---|---|---|
| | | | 均值 | 偏差 | 相关系数 | 信息熵 | 平均梯度 | 联合熵 |
| 源图像 | 图 3.3(a) | $R$ | 176.8 | — | — | 7.154 | 10.54 | — |
| | | $G$ | 169.6 | — | — | 7.163 | 10.58 | — |
| | | $B$ | 168.8 | — | — | 7.273 | 10.77 | — |
| | 图 3.3(b) | PAN | 153.1 | — | — | 7.154 | 16.76 | — |

**续表**

<table>
<tr><th colspan="3" rowspan="2">计算结果</th><th colspan="6">客观评价指标</th></tr>
<tr><th>均值</th><th>偏差</th><th>相关系数</th><th>信息熵</th><th>平均梯度</th><th>联合熵</th></tr>
<tr><td rowspan="12">融合图像</td><td rowspan="3">图 3.3(c)</td><td>R</td><td>164.7</td><td>12.090</td><td>0.8545</td><td>6.892</td><td>10.73</td><td>12.583</td></tr>
<tr><td>G</td><td>161.1</td><td>8.495</td><td>0.8692</td><td>6.909</td><td>10.76</td><td>12.642</td></tr>
<tr><td>B</td><td>160.7</td><td>8.124</td><td>0.8544</td><td>6.918</td><td>10.78</td><td>12.788</td></tr>
<tr><td rowspan="3">图 3.3(d)</td><td>R</td><td>169.2</td><td>7.569</td><td>0.9527</td><td>6.964</td><td>10.65</td><td>12.916</td></tr>
<tr><td>G</td><td>164.2</td><td>5.409</td><td>0.9569</td><td>6.952</td><td>10.71</td><td>12.971</td></tr>
<tr><td>B</td><td>163.6</td><td>5.190</td><td>0.9549</td><td>7.033</td><td>10.77</td><td>13.113</td></tr>
<tr><td rowspan="3">图 3.3(e)</td><td>R</td><td>162.9</td><td>13.860</td><td>0.7771</td><td>7.067</td><td>15.72</td><td>12.387</td></tr>
<tr><td>G</td><td>159.6</td><td>10.020</td><td>0.7879</td><td>7.094</td><td>15.79</td><td>12.498</td></tr>
<tr><td>B</td><td>158.8</td><td>9.997</td><td>0.7785</td><td>7.114</td><td>15.86</td><td>12.730</td></tr>
<tr><td rowspan="3">图 3.3(f)</td><td>R</td><td>175.3</td><td>1.473</td><td>0.9329</td><td>7.155</td><td>16.56</td><td>13.123</td></tr>
<tr><td>G</td><td>168.2</td><td>1.362</td><td>0.9360</td><td>7.144</td><td>16.25</td><td>13.210</td></tr>
<tr><td>B</td><td>167.4</td><td>1.443</td><td>0.9435</td><td>7.249</td><td>16.31</td><td>13.395</td></tr>
</table>

对于多光谱图像的融合来说，融合前后的图像均值最好保持不变。从表 3.3 的相关项的计算结果可以看出，图 3.3(f) 各个通道的图像均值与图 3.3(a) 各个通道的图像均值相差不大，而其他的融合图像各个通道的图像均值都有一定程度的偏离，影响了融合图像的质量。偏差是衡量融合前后图像的光谱扭曲程度的参数，从参数的结果上来看，只有图 3.3(f) 的偏差很小，其他融合图像与源图像的偏差均比较大，这说明采用高通滤波融合法得到的融合图像对源图像的光谱扭曲程度是最小的。为了进一步衡量这两幅融合图像与源图像的关系，我们利用它们相应通道的相关系数来比较图像之间的相似性。相关程度越高，保留的信息越丰富。从表 3.3 可以看出，图 3.3(d) 和图 3.3(f) 与源图像的相关程度最高，图 3.3(d) 因为有相当大一部分数据量来自图 3.3(a)，所以它与图 3.3(a) 的相关程度最高。图 3.3(f) 的这项指标略小于图 3.3(d)，但都要比其他的两幅图像的对应指标高一些。这说明采用高通滤波融合法得到的融合图像与源图像很接近。

为了观察融合图像与全色图像之间的关系，我们在表 3.3 中列出了融合图像各个通道与全色图像之间的联合熵值。从结果上可以看出，采用高通滤波融合法得到的融合图像与全色图像的联合熵值更大一些，其从全色图像中获得的高频细节信息也最多。

综上所述，从客观评价的角度出发，在多光谱图像融合方法中，高通滤波融合法是最有效的一种方法。它能基本上保持源图像的光谱信息，并且空间分辨率有了一定的提高，增加了图像的可读性。

# 第4章　基于改进深度网络模型的棉花特征提取及分割方法研究

## 4.1　案例背景

### 4.1.1　研究背景及意义

我国是一个农业大国，棉花作为重要的农作物，在新疆设有较大的棉田基地，提供了大量优质商品棉。伴随着新技术的加速涌现，互联网、大数据、人工智能等技术运用到农业生产各环节，由此数字农业、智慧农业应运而生。现代化是棉花产业提高质量和效益的关键一步。因此，需要利用计算机视觉和智慧农业理论相结合，自动监测和预测棉花的生长发育情况和趋势，为棉农提供可靠的技术基础，获得正确的"智能决策"。这将有助于提高收获效率，并能有效防止常见的农业病虫害，真正实现棉花等农作物高质量和高效益的目标。

针对传统人工监测棉花表型性状和发育状态的分析效率低、主观性强、工作量大等问题，本章基于实地棉田获取的高分辨率棉花作物图像数据，结合手工设计特征和深度网络模型等技术方法，实现对复杂背景下棉田场景进行棉花发育状态的特征提取和分类，最后完成对棉花发育状态的定位和分割。为精准农业和计算机视觉领域提供一定的参考价值。

### 4.1.2　国内外发展和研究现状

1. 传统方法对农作物图像的识别检测

利用计算机视觉技术对病害、虫害进行识别，是当前精准农业行业中重点关注的方向，具有很高的应用价值。虽然我国利用计算机视觉技术在农业领域的研究发展较晚，但发展速度较快。进入21世纪后，在对农作物的特征识别上，可以通过形状和叶片纹理来识别，不同农作物有自己不同的叶子特征，牟洪波等在2008年提出了一种新的基于几何特征和Haar小波的特征提取方法，能够实现农作物表型性状特征的快速提取。利用Haar特征提取方法，能够有效克服提取小目标农作物特征时，特征不明显、易受干扰等因素，更具效率地排查出患病的叶片。2009年，毛罕平等针对粮虫的二值化图像提取出17个形态学特征，并进行归一化处理，利用蚁群优化算法从形态学特征自动提取出面积、周长等最优的特征子空间。可以发现，传统的农作物图像特征提取和分割更多的是从农作物的形态和性状等形态特征进行提取，无法准确地描述其视觉特性。在农作物病虫害处理中，该类特征提取方法虽然能将病害叶片快速识别并提取，但在手工设计其性状特征时，前期工作量会非常巨大，若没有较为丰富的相关专业知识，后期的检测和分割效果会大打折扣。

近年来，在用传统计算机视觉方法处理农作物特征提取和分割问题时，出现了许多改进和融合的新图像特征提取算子，Walter等在2016年利用Laplace算子、Sobel算子和高斯模糊进行空间滤波，结合颜色模型转换、阈值化等技术，提出了一种绿色水果特征提取方法，以对柑橘产量进行估计的技术，提升了传统算法中农作物图像特征提取和保存的能力，丰富了图像特征信息的维度，并在农作物产量估计中起到了非常不错的效果。赵文佳等提出一种基于小波变换和主成分分析结合的多特征数据融合方法，解决了组合特征数据结构复杂和分类器输入维数过高的难点，增强和提高了农作物与杂草的识别能力与速度。

综上所述，传统的农作物图像特征提取和识别方法主要依赖目标农作物的形状和颜色等特征，以及SIFT、LBP、HOG等手工设计的特征算子。虽然传统方法对农作物的表型性状的提取计算能力已经足够，但是传统方法的特征计算单一，并且容易受到杂草、天气等复杂因素的影响，面对光照和角度较为复杂的农作物图像，检测精度较低，鲁棒性较差，准确率不高，一些深层的特征不易检测出来，因此，对于传统算法下的农作物特征提取及检测而言，传统方法的局限性较大，特征算子的改进空间较小。因此，当前农作物的图像识别和检测问题需要将精度更好，提取特征能力更强的神经网络和深度学习的方法引入进来。

2. 基于深度学习的农作物检测

在深度网络模型的研究中，最常见的网络结构有 LeNet-5、AlexNet、GoogleNet、VGGNet、ResNet 等。其中，AlexNet 将图像分为上下两块分别训练，然后使全连接层合并在一起，在算力有限的条件下，不仅提升了算法空间，并采用 ReLU 激活函数代替 Sigmoid 函数，解决了梯度饱和的问题。而 VGGNet 使用多个较小卷积核(3×3)的卷积层代替一个卷积核较大的卷积层，减少了冗余的参数，可进行更多的非线性映射用以增加网络的拟合能力，以较小的代价提升了网络精度和深度。GoogleNet 引入了 Inception 模块的概念，采用不同大小的卷积核意味着不同的感受野，最后在 Channel 上拼接，可达到不同尺度的特征融合的目的。在图像分割领域，经典的分割网络模型有 FCN(全卷积神经网络)、U-Net 等。FCN 对图像进行像素级的分类，从而解决了语义级别的图像分割问题。采用反卷积层对最后一个卷积层的特征图(feature map)进行上采样，使它恢复到输入图像相同的尺寸，从而可以对每一个像素产生一个预测，并保留了原始输入图像中的空间信息，最后对特征图进行像素的分类。而 U-Net 以其独特的 U 型结构，使其拥有出色的图像分割能力，具有上采样和下采样模块分层对称的特性，通过将压缩路径的 Feature Map 裁剪到和扩展路径相同尺寸的 Feature Map 进行归一化，可以更好细化边界信息，使其拥有更好处理小目标图像语义分割的能力，在医学细胞分割领域内有着较多应用。上述的卷积神经网络结构在深度网络模型中有着极为出色的适用能力和已被证明的高精度和普适度，故在农作物的特征提取和分割检测上有着很好的应用前景。

谭峰等在 2009 年提出将卷积神经网络提取深层特征与手工设计的浅层特征相结合的方法，既保留了农作物表面特征，又比传统方法精度和准确度更好，达到了检测精度和效率的最优化。Fuentes 等在 2017 年设计出一种基于卷积神经网络(CNN)的番茄病害识别系统，利用采集的番茄病害数据集，使得该识别系统准确率达到了 96%，比之前复杂的传统方法提升了 13%。该实验表明，卷积神经网络非常适合通过对图像特征分析来实现农作物病害的诊断与快速识别。乔虹等利用 Mask R-CNN 的分割算法对农田间的葡萄叶片进行分割,用原 Mask R-CNN 算法改进其卷积层。实验结果显示,在天气不同的情况(晴天和阴天)下,不同种类的葡萄叶片分割的平均精度均大于 90%。樊湘鹏等研究团队在玉米病害识别领域引入区域卷积神经网络算法 Faster-RCNN,并针对复杂背景条件下的病害识别进行了深入研究。他们采用多种不同的特征提取网络并对其进行训练优化,从而获得了具有高准确率和良好鲁棒性的识别模型。在复杂背景下的农作物病害识别中,他们的方法相较于原始模型,取得了更高的准确率结果。周博等考虑在复杂背景下,农作物病虫害叶片存在杂草和天气等遮挡,情况复杂多变。他们将感知信息以图像的方式输入,并结合深度学习的知识分析得来的深层特征信息,实现了在复杂环境中的病害检测。熊方康在 2021 年利用基于多尺度增强生成对抗网络小样本真实数据进行去背景,并对现有数据集进行数据增强形成新叶片的训练数据,提出了多尺度加强的生成对抗网络 MEGAN,通过加入高频、低频信号处理单元和注意力机制,加强了对叶片及病斑的纹理、大小、形状等重要特征的提取,使生成的叶片质量较高。陈燕生等针对小目标农作物分布零散、数据量少的问题,利用高空拍摄的遥感图像,并使用基于 U-Net 自主改进的卷积神经网络 mU-ResPlus,对遥感图像进行高精度分割研究。研究中使用多个反卷积融合图像浅层与深层的特征,并且引入残差块,实现网络的精细化分割效果。实验表明,图像分割的边缘精细度和准确度都比原 U-Net 模型提升不少,在小目标农作物分割上提供了较高参考价值。

## 4.2　相关工作及数据集介绍

### 4.2.1　基于手工设计的特征提取算法

颜色特征是彩色图像处理最重要的内容,在图像中提取颜色特征时,颜色矩成为一种简单有效的颜色特征表示方法,有一阶矩(均值,MEAN)、二阶矩(方差,VARIANCE)和三阶矩(斜度,SKEWNESS)等。提取颜色特征可通过转换目标作物图像颜色空间来完成。胡维炜在分割小麦的病斑问题中,将 RGB 颜色通道转换为 HIS 颜色通道,提取三个颜色通道的 9 个低阶矩，根据前人的特征提取方法，构造新的颜色特征参数，并基于 K-MEANS 聚类算法实现对小麦叶部病害图像的分割。该方法可以更好地择出相关特征，同时删除冗余特征，从而提高病害识别的准确性。但是颜色特征矩和颜色直方图所描述的是不同颜色像素在整张图片中所占的比例，而与每种色彩所处的空间位置无关，即无法描述图像中的对象或物体。故颜色特征提取方法不太适用于分割农田中农作物的语义特征和分布位置。

在手工设计农作物特征中，纹理和形状特征是更常用的方法，以下介绍几种基础常见的纹理形状特征提取算法。

1. SIFT 特征提取

尺度不变特征转换(scale-invariant feature transform，SIFT)是一种计算机视觉的特征提取算法，此算法由 Lowe 于 1999 年率先提出，2004 年完善。SIFT 算法的实质是在不同的尺度空间上查找特征点，并且这些特征点不会因光照、仿射变换和噪声等因素而变化。该算法一经提出即广泛应用于对农作物的手工设计纹理特征的提取中。并且 SIFT 特征不只具有尺度不变性，即使改变旋转角度、图像亮度或拍摄视角，仍然能够得到好的检测效果。整个算法分为以下几个部分：

1)构建尺度空间

在进行 SIFT 算法操作时，构建尺度空间是第一步，它可以模拟图像数据的多尺度特征。尺度空间的定义表示为：

$$L(x,y,\sigma)=G(x,y,\sigma)\times I(x,y) \tag{4.1}$$

式(4.1)中，$G(x,y,\sigma)$是尺度可变高斯函数，$(x,y)$为空间坐标，$\sigma$表示图像的平滑程度，大尺度代表图像概貌特征，小尺度代表图像细节特征。同时提出高斯差分尺度空间(DOG scale-space)，利用不同尺度的高斯差分核与图像卷积生成。

2) 建立图像金字塔

构建尺度空间后，将图像建立成不同尺度的金字塔，这样可以使得图像在任意尺度都能拥有特征点。可根据图片的大小决定其层数，塔间的图片是降采样关系，然后进行高斯卷积操作。图像金字塔如图 4.1 所示。

第一个 octave 部分中的 Scale 为原图大小，接下来进行降采样，构成下一个 octave。

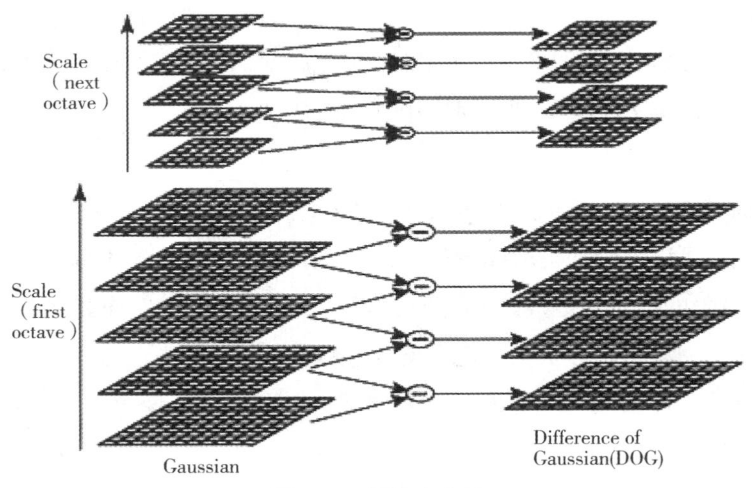


**图 4.1　图像金字塔**

3）寻找 DOG 尺度空间极值点

首先，通过构建图像金字塔完成尺度空间的创建。接下来，在这个尺度空间中，我们开始寻找极值点。为了找到这些极值点，我们会对每一个点与其相邻的点进行比较。具体地，我们会将每个检测点与它在同一尺度的 8 个相邻点，以及在上下相邻尺度对应的 9×2 个点（共 26 个点）进行对比。如果该点在这 26 个点中是极值点，我们将其认定为特征点。

4）给特征点赋值

上一步确定了特征点，此时利用关键点邻域像素中的梯度方向为其制定一个方向参数，使算子具备其最重要的特征 —— 尺度旋转不变性。

公式（4.2）与（4.3）分别为特征点 $(x,y)$ 处梯度的模值和方向公式。$L$ 为每个关键点所在的尺度空间。至此，SIFT 提取特征点完毕，每个关键点有三个信息：位置、尺度、方向。因此，可确定一个 SIFT 特征区域。

$$m(x,y)=\sqrt{[L(x+1,y)-L(x-1,y)]^2+[L(x,y+1)-L(x,y-1)]^2} \tag{4.2}$$

$$\theta(x,y)=\arctan\left[\frac{L(x,y+1)-L(x,y-1))}{(L(x+1,y)-L(x-1,y)}\right] \tag{4.3}$$

该方法一度成为解决农业视觉领域中提取特征方式的标准算法，其拥有的尺度不变性，可以使得在对农作物图像检测时不随光照变化、视角变化等而改变，具有较强抗干扰能力。但是手工设计后提取的特征点较少，模糊的图像和边缘平滑的图像，检测出的特征点过少，对圆形农作物的提取效果较差，所以此类方法应用到本研究中并不适用。

2. LBP 特征提取

LBP(局部二值模式)是 Ojala 于1996年首次提出的，是一种有效的纹理描述算子，可以度量和提取图像局部的纹理信息，具有旋转不变性和灰度不变性等显著的优点，并且能对光照具有不变性。可用在农作物图像纹理信息特征的提取，当其形状在一定程度发生变化时，该方法也可高精度地提取出来，更具有鲁棒性。LBP 的基本原理是定义在特征点像素的 8 邻域中，以中心像素点为阈值，将周围 8 个像素点与其作比较，如果周围的像素值小于中心像素的灰度值，则该像素位置就被标记为 0，否则标记为 1。这样能产生一个 8 位的 2 进制数，该数即为该像素点的 LBP 值，并用该值来反映这个区域的纹理特征信息，LBP 的处理流程如图 4.2 所示。

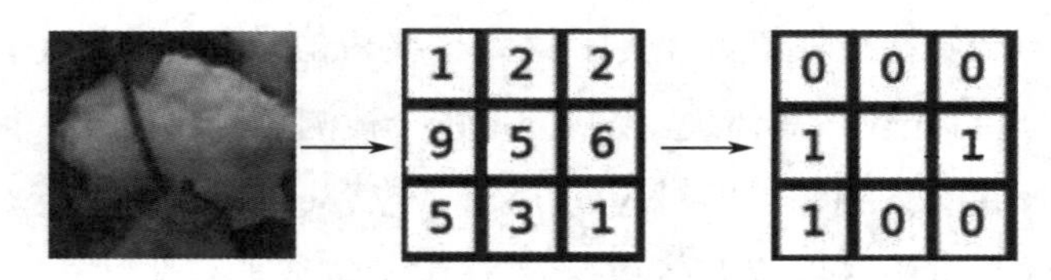


**图 4.2　LBP 处理流程**

一张成熟的棉花图像在经过 LBP 算法处理后，会得到一张灰度不同的图像，该图像即为特征图，计算原理见式(4.3)。

$$T_c = t[s(P_0 - P_c), s(P_1 - P_c), \cdots, s(P_{n-1} - P_c)], s(n) = \begin{cases} 1, n \geqslant 0 \\ 0, n \leqslant 0 \end{cases} \tag{4.3}$$

式(4.3)中，$T_c$ 代表计算出的棉花图像的局部特征，$P_c$ 表示中心像素点，通过该公式可计算上述棉花图像的 LBP 值的二进制码为 00010011，再转为十进制的数，该数为其特征值，即 19，并设置 $n$ 的值为 8。LBP 现在已经被广泛运用于各类图像识别和检测任务中。但是此类 LBP 算子覆盖区域只有 8 个像素点，即“8- 邻域”。在处理非矩形的农作物图像时，所提取的纹理特征较差，为了适应不同尺寸的纹理特征，Ojala 于 2002 年提出了 LBP 算子的圆形化改进，将 3×3 邻域扩展到任意邻域，并用圆形邻域代替了正方形邻域，改进后的 LBP 算子允许在圆形邻域内有任意多个像素点，使其在应对不规则的农作物图像特征时，可以全部覆盖到，能够更好地提取图像的本质特征。

### 4.2.2　基于卷积神经网络的特征提取

神经网络(neural network)是模仿神经元得来的一种模型，随着深度学习的兴起，卷积神经网络的应用越来越广泛。卷积神经网络主要由输入层、卷积层、激活函数、池化层、全连接层以及损失函数组成。卷积神经网络中的卷积层最大的作用就是特征提取，用于对目标图像中农作物中深层和抽象的特征进行处理，相较于传统算法速度更快、效率更高并能提取目标深层特征。因此，近几年计算机技术在农业中的应用里，深度学习和卷积神经网络所占的比例越来越高。

在卷积层中，卷积的主要作用就是提取特征。卷积网络第一次卷积时，提取的特征较为粗糙，为浅层特征。多次卷积操作时，每一次向纵深卷积，便层层提取特征，可得到更具语义和抽象的深层特征。具体的卷积神经网络提取特征过程如图 4.3 所示。

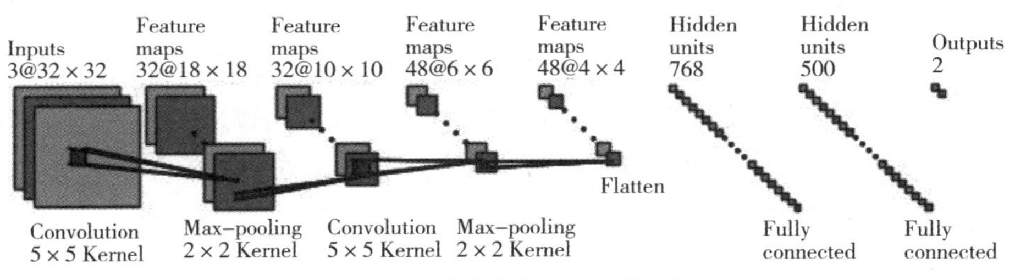


图 4.3　卷积神经网络工作图

由图 4.3 可知，在图像输入卷积神经网络时，经过卷积层，5×5 Kernel 代表大小为 5×5 的卷积核，每一幅图像对于卷积神经网络来说，相当于一个个的多维像素矩阵。卷积核与数字矩阵对应位相乘再相加，得到卷积层输出结果，输出结果即为特征图(Feature maps)。对于每一张输入图像，像素矩阵是不同的。需要提取目标某一种特征，所设置的卷积核就要对该特征有很高的输出值。卷积层输出值越高，意味着特征匹配的程度越高，越能表现该图片的特征并得到输出矩阵。接下来通过池化层减少训练参数的数量,降低卷积层输出的特征向量的维度,减小其过拟合程度,完成对输出图像的一次提取特征的操作。最后经过全连接层分类得到最终的输出结果。卷积神经网络模拟神经元传递信息,利用局部感受野和改变权值的算法模式,比传统算法手工设计特征更有效率并且精度更高。

近年来,越来越多的农业视觉问题引入了以卷积神经网络为基础的各类分割和检测网络模型。任鸿杰等于2021年提出了一种改进DeepLabV3+网络的遥感影像农作物分割方法,将特征提取网络中的金字塔池化模块中的普通卷积改为深度可分离卷积,提升了模型的计算速度,并加入双注意力机制,使得模型分割精度得到大幅度的提升。可以发现,神经网络可以通过调整卷积层的参数设计出最适合最需要的特征,解决了手工设计特征无法准确描述其视觉特性的问题。但是深度网络模型的构建通常需要大量的标注样本和训练信息,费时费力,并且无法解决一些农作物被遮挡等问题。所以,单纯依赖卷积神经网络提取特征以及对后续农作物的分割和检测,效果也会大打折扣,此类方法在农业视觉问题上仍然有着较大的改进空间。

### 4.2.3 实地棉田棉花图像数据集

1. 数据集创建

我国是农业大国,在新疆拥有最大的优质商品棉花种植基地,本研究在塔城、阿拉尔、库尔勒等试验棉田通过工业相机在不同机位采集到了7587张图像,由此创建实地棉田棉花图像数据集。工业相机距离地面0.3米,拍摄角度分别为棉田种植线垂直和平行方向。每天从8点至16点每隔15分钟进行一次拍摄,随后传入系统中,得到实时采集的棉花高清图像数据。

考虑在棉花生长期间拍摄环境复杂,例如天气的多样性变化以及杂草等影响因素。从采集到的棉花数据中,选取了5000张图像,根据VOC 2012的数据集格式,创建了一个高分辨率的棉花各生长期间的图像数据集。数据集大小为2.4 GB,由于各棉花地的工业相机类型以及放置距离的不同会导致图像中棉花大小和尺度不一,会影响特征的提取和图像分割的精确度,将不同机位拍摄的棉花图像划分为近距离和远距离观测,数据集样本如图4.4所示。

(a)近距离观测

(b)远距离观测

**图 4.4 田间棉花样本**

采集到的原始图像分辨率为 3088 × 2056 像素，以及采集于塔城的 2560 × 1920 像素的分辨率棉花生长图像和 1920 × 1680 像素分辨率的图像。考虑到地区天气和实地棉田的环境因素影响，本研究将数据集分为 3 个种类，分别是晴天背景、阴天背景以及复杂背景，如图 4.5 所示。

(a)晴天下的棉花样本

(b)阴天下的棉花样本

(c)复杂背景下棉花图像

**图 4.5 各分类背景下棉花数据集**

在本研究所建立的数据集中，晴天环境下的棉花图像 590 张，阴天下的棉花样本为 596 张，复杂背景下的棉花图像为 595 张。然后通过数据增强等手段扩增数据集图像数量，并根据后续实验中的需要，将其按照 7∶2∶1 的比例划分为训练集、测试集和验证集。

2. 常用评价指标

棉花生长数据集制作完成后，进行相关实验时，需要将本研究所提出的特征提取及分割算法和其他的常用算法做对比，并分析本研究中算法的性能。本研究引入 3 个主要评价指标进行评估和对比，分别是对深度模型特征提取的平均分类准确率(mean average precision,mAP),后续对棉花生长期性状和分布的图像分割的均交并比(mean intersection over union,MIoU),以及像素精度(mean pixel accuracy,MPA)。定义如下:

$$\mathrm{mAP}=\frac{\mathrm{TP}+\mathrm{TN}}{P+N} \tag{4.4}$$

式 4.4 中,TP 代表模型正确特征点的样本数,TN 代表预测错误特征点的样本数。

$$\mathrm{MIoU}=\frac{1}{k+1}\sum_{k+1}^{1}\frac{P_{ii}}{\sum_{j=0}^{k}p_{ij}+\sum_{j=0}^{k}p_{ji}-p_{ii}} \tag{4.5}$$

式 4.5 中,$P_{ij}$ 代表分割真实的值为$i$、被预测为$j$ 的数量,$k+1$ 是分割的类别个数(包含背景类)。$P_{ii}$ 是真实的数量。MIoU 一般基于分割种类进行计算,将每一类的 IoU 计算之后进行加权平均,得到的就是基于整个分割算法的评价。

式 4.6 中,$P_{ij}$ 代表正确分割像素的比例,通过平均正确分割的像素精度,能将分割任务中最细节的特征和棉花的性状表示出来,代表了分割算法的基础指标。

$$\mathrm{MPA}=\frac{1}{k+1}\sum_{i=0}^{k}\frac{p_{ii}}{\sum_{j=0}^{k}p_{ij}} \tag{4.6}$$

## 4.3 基于多尺度融合的田间棉花特征提取

### 4.3.1 手工设计提取棉花特征

1. 颜色特征

棉花各生长期的颜色都不同,颜色特征反应了图像全局的灰度变化,根据先验知识可知棉铃是棉花的果实,棉铃和棉花的颜色完全不同,棉铃呈绿褐色,棉花在棉裂期为半黄半白色,在成熟吐絮时期为白色,如图 4.6 所示。

颜色特征提取常用的方法有颜色矩和颜色直方图等。颜色矩是一种简单有效计算颜色特征的方法,具有很好的统计意义。利用颜色的一阶矩、二阶矩和三阶矩就可表示图像的颜色特征,颜色矩计算公式如式 4.7 至 4.9 所示。

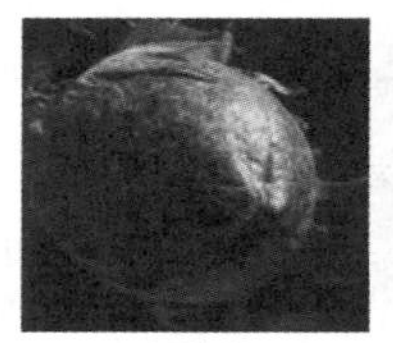
(a)棉铃

(b)棉裂期

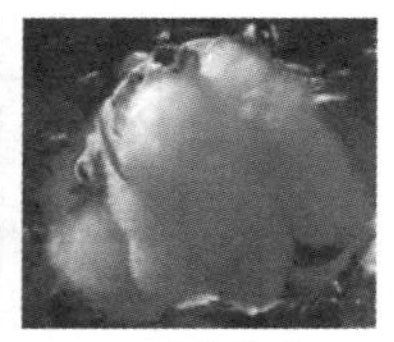
(c)成熟棉花

**图 4.6　棉花生长各时期图**

$$\mu_i=\frac{1}{N}\sum_{j=1}^{N}p_{i,j} \tag{4.7}$$

$$\sigma_i=\left[\frac{1}{N}\sum_{j=1}^{N}(p_{i,j}-\mu_i)^2\right]^{\frac{1}{2}} \tag{4.8}$$

$$s_i=\left[\frac{1}{N}\sum_{j=1}^{N}(p_{i,j}-\mu_i)^3\right]^{\frac{1}{3}} \tag{4.9}$$

以上公式中，$p_{i,j}$ 表示图像中第 $j$ 个像素中第 $i$ 个像素分量的概率，$N$ 表示总像素个数。在 RGB 图像中，前三阶的颜色矩可组成一个九维的直方图向量。每一阶矩均由三个低维颜色向量构成向量空间。对于棉田中的棉花而言，在棉花图像的 RGB 颜色空间中，提取其颜色通道的九个低阶矩，根据棉花生长时期的颜色特点，在颜色空间中，对棉铃、棉裂期、棉花成熟时期的绿、黄、白颜色分量进行处理，如式(4.10)。

$$\bar{R}=\frac{1}{N}\sum f_r,\bar{G}=\frac{1}{N}\sum f_g,\bar{B}=\frac{1}{N}\sum f_b \tag{4.10}$$

式(4.10) 中，$f_r$，$f_g$，$f_b$ 分别表示 R、G、B 颜色通道中分量的像素值，而 $N$ 表示图像像素总数。$\bar{R}$、$\bar{G}$、$\bar{B}$ 分别为其像素加权平均值。棉铃、棉裂期、成熟棉花三个时期的颜色参数分布和均值如表 4.1 所示。

**表 4.1　棉花三个时期的颜色特征参数分布范围**

| 棉花生长时期 | $\lvert\bar{G}-\bar{B}\rvert/\bar{G}$ | | $\lvert\bar{R}-\bar{G}\rvert/\bar{R}$ | | $\bar{R}-\bar{G}/\bar{G}$ | | $\bar{R}-\bar{B}/\bar{R}$ | |
|---|---|---|---|---|---|---|---|---|
| | 范围 | 概率 | 范围 | 概率 | 范围 | 概率 | 范围 | 概率 |
| 棉铃 | 0～0.20 | 90% | 0～0.30 | 96% | 0～0.05 | 94% | 0～0.25 | 100% |

续表

| 棉花生长时期 | $\mid\overline{G}-\overline{B}\mid/\overline{G}$ | | $\mid\overline{R}-\overline{G}\mid/\overline{R}$ | | $\overline{R}-\overline{G}/\overline{G}$ | | $\overline{R}-\overline{B}/\overline{R}$ | |
|---|---|---|---|---|---|---|---|---|
| | 范围 | 概率 | 范围 | 概率 | 范围 | 概率 | 范围 | 概率 |
| 棉裂期 | 0.40～0.80 | 92% | 0.50～0.90 | 95% | 0.20～0.85 | 99% | 0.65～0.95 | 99% |
| 成熟棉花 | 0.50～0.90 | 97% | 0.20—0.60 | 92% | 0.60～0.90 | 95% | 0.45～1 | 96% |

由表4.1可知，构造的颜色特征各时期的$R$、$G$、$B$均数的取值，如参数$\mid\overline{R}-\overline{B}\mid/\overline{R}$中，棉铃期均分布在0～0.25范围内，99%的棉裂期分布在0.65～0.95范围内，96%的棉花分布在0.45～1范围内。说明在RGB颜色空间分布中，对于棉铃期的颜色特征提取较为准确，其他两个时期有交叉范围，颜色特征分布情况的提取效果稍有偏差。

2. 纹理特征

由于实景棉田中的棉花分布易受复杂背景的遮挡和干扰，仅仅基于颜色矩和RGB空间颜色参数的手工设计特征，明显是不够的，并且颜色特征辨识能力不强，无法描述具体物体的详细表层特征。针对此问题，本节在手工设计特征中加入棉花具体的纹理特征设计。图像中纹理是一种反映目标像素同质的特性，体现其表面像素排列的属性，描述其表面性质。例如棉花图像中的形状特性，成熟的棉花成絮状，而棉铃则为核状。纹理是通过像素及其周围空间邻域的灰度分布来表现。由于在实景棉田中，棉花时常会因拍摄角度和遮挡的影响，导致提取其表型性状受影响，易受噪声干扰。而纹理特征一般常有旋转不变性，对于噪声有着较强的抗干扰能力，并能表现出局部棉花的分布程度。

常见的纹理特征提取方法包括：基于统计的方法，如灰度共生矩阵(GLCM)的纹理特征分析方法；建立在纹理基元的理论基础的几何法；基于马尔可夫随机场(MRF)、回归模型等模型的随机场模型法；基于小波变换等多尺度分析的信号处理法，如Gabor和Haar滤波的小波变换，可以在不同的尺度上对像素的空间分布的图像特征进行描述。

GLCM特征提取方法中，描述了中心像素点和周围像素的灰度关系，在算法特性来看，前一节介绍的LBP算法与GLCM算法类似，均考虑了灰度与位置的关系。灰度共生矩阵虽然计算出图像灰度方向、间隔和变化幅度等信息，但它不能直接提供区别纹理的特性，因此需要在此基础上计算描述纹理特征的统计信息。以下介绍基于统计量的一些纹理参数的计算方法。

1）角二阶矩

角二阶矩（angular second moment，ASM）是一张图像的灰度是否分布均匀和纹理变化的一个基本指标。角二阶矩的计算公式如下：

$$\mathbf{ASM}=\sum_{i}\sum_{j}P(i,j)^2 \tag{4.11}$$

式（4.11）中，$i$ 和 $j$ 均表示图像纹理的特征像素值，$i$ 和 $j$ 值若相近，则ASM的值也越小，代表纹理更细致和均衡。ASM的值代表纹理的均匀和纹理的变化程度。

2）熵

熵代表了图像包含的纹理信息混乱程度，计算公式如下：

$$E=-\sum_{i}\sum_{j}P(i,j)\log[P(i,j)] \tag{4.12}$$

当 $E$ 的值越大时，表示图像灰度分布的随机和复杂程度越大，图像纹理内容也就越复杂。

3）对比度

对比度（Constrast）表示图像的清晰度反差，对比度越大意味着图像中纹理特征的反差越大。计算公式为：

$$\text{Constrast}=\sum_{i}\sum_{j}(i-j)^2P(i,j) \tag{4.13}$$

4）反差分矩阵

反差分矩阵（inverse differential moment，IDM）反映了图像的纹理特征清晰和规律性程度。其值越小，说明越规律和清晰。

$$\mathbf{IDM}=\sum_{i}\sum_{j}\frac{P(i,j)}{1+(i-j)^2} \tag{4.14}$$

综上，纹理特征提取中，每个图像纹理之间的粗细、相关程度和规律性可以被很好地提取出来，在面对实景棉田中的棉花时，提取其表性纹理特征，如生长形状时，使用纹理特征提取方法可以充分地发挥其较强抗干扰能力和旋转不变性的特点。

3. 手工提取棉花特征算子

根据上文分析，在手工提取棉花特征时，对其提取颜色和纹理特征是必要的。在前文中介绍了 LBP 和 SIFT 等特征算子的特征提取方法。在本节中，根据棉花自然生长的规律和其相应的先验知识，考虑到棉花各生长期颜色和形状皆不同，且实景棉田的复杂背景和天气等因素，手工设计的特征应拥有旋转和尺度不变性，并且使手工提取特征拥有较强鲁棒性和精确度，本研究中手工特征提取算子选用 LBP 算子作为手工设计特征提取方法。

从定义上可知，LBP 算子在图像灰度上拥有不变性。通过 LBP 算子基本的算法结构，在后续的研究已经有了多种的改进型，使之具有旋转不变性和灰度不变性等优点，并且对光照不敏感。在对棉花提取手工特征时，面对复杂生长环境的干扰，LBP 算子在本研究中手工设计特征提取有较好的优势，而 SIFT 和 HOG 等特征算子对遮挡等干扰效果较差，计算算法的复杂度不太满足对手工设计特征的要求，并且在复杂背景下的棉花手工提取的准确率表现得不太稳定，而 LBP 在应对此类图像提取特征时拥有较好的鲁棒性，故完全符合本研究手工设计棉花特征的算法要求。接下来，本节将介绍 LBP 的几种改进版本。

1）圆形 LBP 算子

Ojala 于 1996 年提出基础 LBP 算子时，由于只覆盖了固定范围内周围 8 个像素点的矩形区域，无法满足较大尺寸和复杂纹理的需要。为了适应多尺度的图像纹理，达到其灰度不变性的特点，Ojala 于 2004 年将其扩展到了任意邻域，并用半径为 R 的圆形邻域替代了矩形邻域，使其对比邻域的像素点扩增了 16 个像素点，如图 4.7 所示。

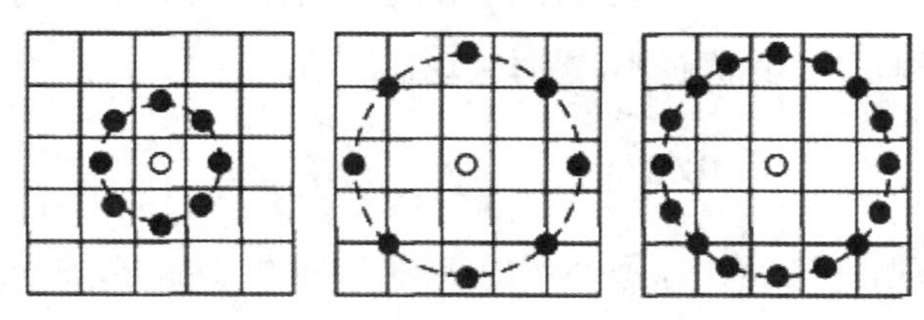

**图 4.7　不同圆形邻域和边缘点的 LBP 算子**

如图4.7所示，在将邻域改成圆形后，仍拥有较高的灰度不变性，但是由于是圆形，提取特征图像的旋转会带来LBP值的改变。

2)LBP旋转不变模式

由前文可知，LBP只拥有灰度不变性，但是没有旋转不变性，图像旋转会引起特征点的LBP值改变。针对这一问题，Maenpaa等又将LBP算子进行了扩展，提出了旋转不变性的LBP算子。对目标图像不断旋转使其特征点周围圆形邻域得到不同的一系列的LBP值，最终取其极小值作为该特征点最终的LBP值，这样处理的好处就是无论如何旋转均得到其固定的LBP值，因此，此改进算子拥有了旋转不变性的特点。

3) 等价模式

LBP算子在对图像中特征点圆形邻域中的$P$个特征点，会产生2的$P$次方的LBP值种类。随着采集的特征点增加，种类数目会快速增加，此时由于特征过多，对特征提取和识别十分不利，应该对原模式进行特征降维，以减少噪声和相关度低的特征的干扰，影响整体提取特征的结果和准确度，使其能表示最好的图像信息。针对此问题，Ojala提出等价模式来对LBP算子的特征种类进行降维，将出现特征点跳变时，除了等价模式均归为一类。通过等价模式的提出，造成的二进制特征向量维数大量减小，减少了高频噪声的干扰和影响。由于等价模式占据LBP算法模式中绝大部分的一类，所以降低了大部分的特征维度。

综上对LBP算法几种改进的介绍，结合对棉花各生长时期的先验知识，将数据集中棉铃、棉裂期、成熟棉花的图像进行基于上述原理的LBP特征算子提取其纹理形状等手工设计特征。提取的纹理和形状特征结果图如图4.8至图4.10所示。

从手工提取特征图来看，LBP算法提取特征准确度较高，且鲁棒性较强，基本符合本节对棉花棉铃图像手工设计特征的预期结果。

本节手工设计棉花图像特征的算法设计步骤可总结为：

(1) 根据先验知识将棉花各发育阶段的生长特性作为手工特征进行设计，利用基于改进的LBP算子将每一张图像划分为一个个小区域(CELL)。

(2) 对于每个CELL中的像素点，将相邻的半径为R的圆形邻域中包含的像

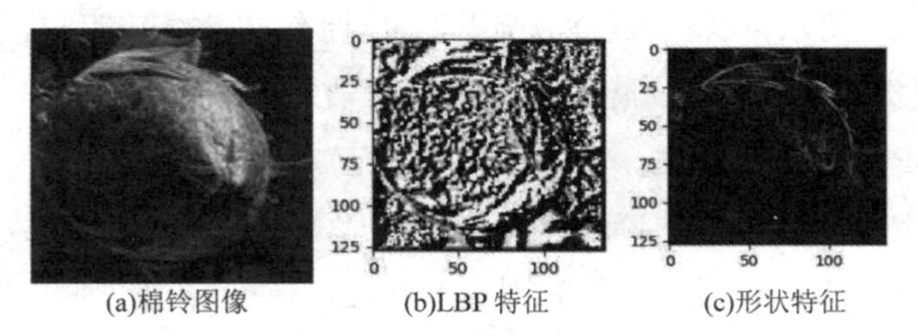


(a)棉铃图像　　(b)LBP 特征　　(c)形状特征

**图 4.8　手工提取棉铃特征图**

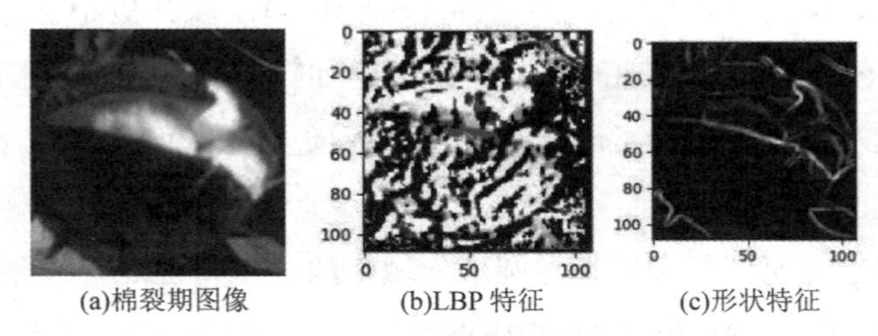


(a)棉裂期图像　　(b)LBP 特征　　(c)形状特征

**图 4.9　手工提取棉裂期特征图**

(a)棉花图像　　(b)LBP 特征　　(c)形状特征

**图 4.10　手工提取棉花特征图**

素点做比较,若周围像素值大于中心像素点,则标记为 1,否则为 0。得到其包含的像素点组成一个 8 位的 2 进制数,该二进制数即为棉花图像特征的 LBP 值。

(3) 计算每个 CELL 中的直方图,并将其进行归一化处理,并统计直方图特征向量的相似度,计算公式如下:

$$\chi^2(x,\zeta)=\sum_i \frac{(x_i-\zeta_i)^2}{x_i+\zeta_i} \tag{4.15}$$

式(4.15)中,$i$ 为CELL的数量,$x$、$\zeta$ 分别为图像中的LBP直方图特征向量。

(4) 利用改进 LBP 算子中的等价模式,进行特征降维。

(5) 将各个 CELL 中的直方图归一化得到的特征值进行连接处理,组成一个特征向量,该特征向量即为该棉花图像手工设计 LBP 特征算子得到的纹理特征向量。

### 4.3.2　棉花深度卷积的特征提取

在经过上节将棉花图像利用先验知识和改进 LBP 算子提取手工特征后，用以降低深度模型提取特征的复杂度，并将在下节中归一化与本节所提取深度特征融合，构建手工特征和卷积神经网络提取的深度特征融合的棉花特征提取模型。在本节中，将用卷积神经网络模型来提取棉花生长图像中的深度特征，深度特征拥有更高层级更抽象的语义特征信息，而传统手工设计的特征算子无法提取该类特征。因此，选取合适的卷积神经网络结构对于提取复杂背景下棉花的深度特征至关重要。

1. 卷积神经网络提取特征原理

卷积神经网络一般包含有卷积层、池化层、全连接层、激活函数和分类器等。卷积层的主要功能是提取输入图像的特征，通过设置卷积核的大小，与输入图像进行卷积运算来完成提取特征的过程，卷积核的通道数应和图像通道数相等。卷积运算后，将特征信息进行整合形成特征图。卷积运算操作如图 4.11 所示。

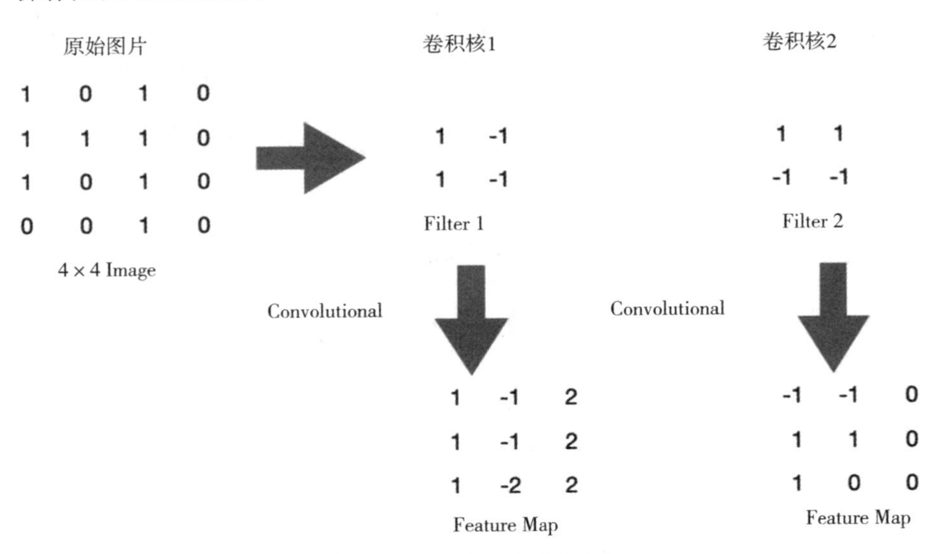


**图 4.11　卷积运算操作图**

由图 4.11 可知，原始图片经过灰度变换处理，每个位置表示其像素值，尺寸为 4×4，而卷积核尺度为 2×2，设定步长为 1，卷积核通过步长设置固定从左向右滑动一个单位距离，最终通过卷积计算得到特征图，这就是卷积层提取特征的卷积计算原理。

而池化层则是负责对特征进行降维处理，以减少计算量。池化层一般采用最大值池化(Max-Pooling)方法，计算过后使特征图尺寸变小，降低网络复杂度，保留其大部分有用特征。

综上，卷积神经网络相比于传统手工方法提取特征鲁棒性和准确度较高，卷积神经网络多层卷积池化模块拥有提取深层抽象特征的能力，能对不同的特征信息进行整合，形成表达能力极强的层级特征。针对本研究中棉花图像拥有较多复杂干扰背景，因此提取各个生长期的棉花图像应提取越深层越抽象的深层语义特征越好，也对后续分割模型精度有较大的帮助。本节将选用网络层数较多且提取抽象特征效果较好的残差神经网络(ResNet)模型提取棉花深度抽象语义特征作为深度特征，在后续中与手工设计特征进行特征融合和降维，得到最终结果。

2. ResNet 网络提取深度特征

ResNet 于 2015 年由何凯明团队提出，该模型引入了残差模块，该模块能很好地解决由深度网络模型中较高深度引起的梯度爆炸和过拟合等问题，并在解决神经网络加大深度层数时产生的模型退化问题有较好的效果。该模型残差模块结构如图 4.12 所示。

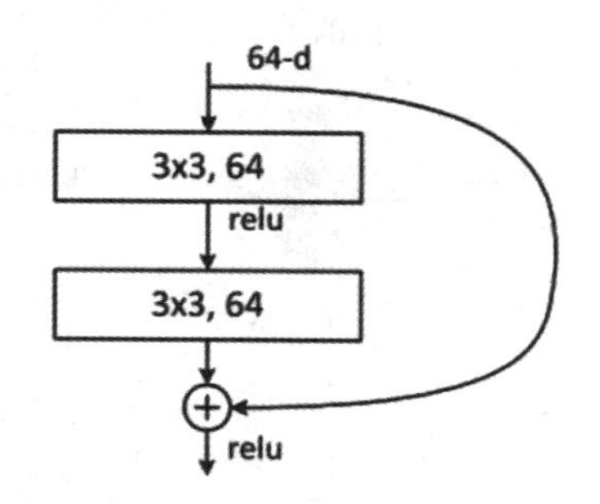


**图 4.12　ResNet 残差模块结构图**

从图 4.12 中可知残差模块中使用一个非线性变化函数描述深层网络的输入和输出，在 $3\times3$,64 模块中假设输入为 $x$，深层经 relu 激活函数处理后深层的输出为 $F(x)+x$，令 $H(x)=F(x)+x$，则有：

$$\frac{\partial H}{\partial x}=F'(x)+1 \tag{4.16}$$

此时,该公式可突出残差模块的优越性,当深度神经网络模型层级加深,输出梯度 $F'(x)$ 随之变得很小时,也能将其通过残差模块传递下去,很好地解决了梯度消失问题。并且该模块引入恒等映射,当 $f(x)=0$ 时,$y=x$,解决了提取深度增加和神经网络退化的问题。根据拥有该残差块的 ResNet 模型在进行深层提取目标语义特征时,提升了计算速度,能提取目标更深层更抽象的特征。ResNet 的总体结构如图 4.13 所示。

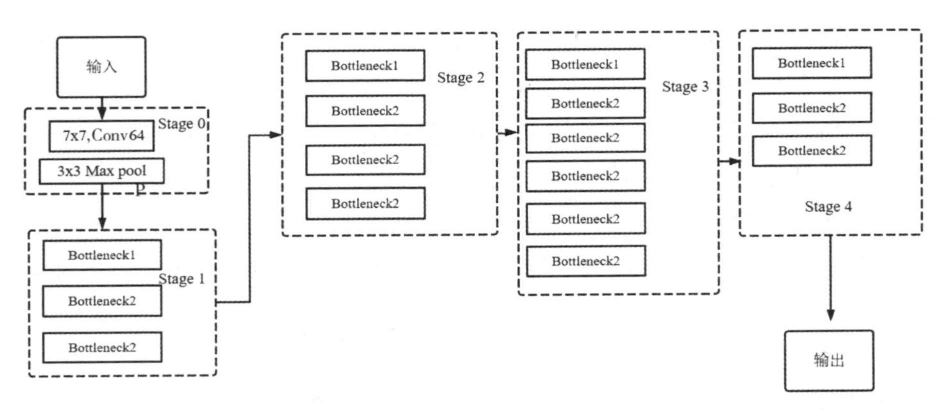


**图 4.13　ResNet 总体结构图**

由 ResNet 总体结构图中,Stage 1 至 Stage 4 中的残差卷积层分别记为 Conv2_x、Conv3_x、Conv4_x、Conv5_x。图中的 Stage 1 至 Stage 4 模块中均含有 Bottleneck 结构,Bottleneck1 是四个卷积层组成的残差网络结构,而 Bottleneck2 含有三个卷积层组成的残差模块。当实验将数据集中单个棉花图像基于此模型进行输入时,输入模块中的第一层卷积层 Conv_1 的卷积核从 3×3 尺寸调整为 7×7,通道数为 64,因此获取了更大的感受野,获取了更多棉花的初始形态特征。然后将第一层卷积计算获取的初始特征向量进行最大池化操作,达到预处理操作。随后,初始特征图进入 Stage 1 阶段,形状为(224,224,3) 的输入特征向量经过 Stage 1 模块后,得到(56,56,64) 的输出。而接下来的 Stage 2 至 Stage 4 大致结构相同,仅仅是输出的图像特征维度不同,Stage 1 至 Stage 4 输出特征维度如表 4.2 所示。

表 4.2　Stage 1 至 Stage 4 输出特征维度

| 网络层 | 输出特征维度 |
| --- | --- |
| Conv2_x | 56×56×256 |
| Conv3_x | 28×28×512 |
| Conv4_x | 14×14×1024 |
| Conv5_x | 7×7×2048 |

通过表 4.2 可知，经过 4 个 Stage 阶段和残差模块卷积运算后，最后输出特征向量为(7,7,2048)，最终进入下采样模块中，考虑到前 3 个 Stage 均进行过残差块学习，不会造成大量特征信息的损失，故在 Stage 4 层进行下采样处理。图像特征向量进入下采样模块后，进行连续两次残差模块的处理，以提取更深层更抽象的特征而不会引起梯度消失等问题，最终得到最后降维操作后的特征向量，考虑到实景棉田复杂背景会对棉花深度特征的提取造成较大干扰和遮挡，因此，本节在此做出如下改进：

在最后的残差模块中，对其再加入一个卷积核为 3×3 的卷积层和一个 relu 激活层，用以增加其局部特征的表达性，加深图像中棉花的深层语义提取特征。

经过以上操作后，输入的原始棉花图像，最终通过最后一层 relu 层后，已经被成功转化为含有 $K\times 7\times 7\times 2048$ 维度的特征图，最后经过全连接层“1000-dfc”，得到 $K$ 个长度为 2048 的一维特征向量。其中 $K$ 表示为输出特征图总类别。在该网络结构中，下采样模块里加入的 1 个 3×3 卷积层和 relu 激活层是根据实景棉田获取的高分辨率图像决定的，使之感受野进一步增大，抓取更多主要语义特征，通过调整该采样结构以适应本实验的棉花数据集特点。至此，通过选用 ResNet 网络模型，并经过 4 个 Stage 模块和一个下采样模块中，并改进其下采样模块中最后一个残差模块的参数结构得到其深度特征，记为 $F_R$，其大小为 $K\times 1\times 1\times 2048$。

### 4.3.3　特征融合

利用手工设计特征算子和深度网络模型，分别将棉花各生长期图像中低阶浅层的手工设计特征和深度抽象的语义特征可成功提取得到特征向量图。但由于传统特征算子和深度模型结构以及计算方法的差异，两者提取出的特征向量从维度和量级来看，都是不同的，需要在融合之前，对其两类特征进行归一化操作。

1. 特征归一化

为使棉花的手工设计特征和深度网络模型的深度特征范围差异缩小，并使得在后续特征融合中加权运算计算量减少，因此将两类特征向量进行归一化处理，缩小二者带权特征向量值的差距，提升特征融合模型收敛速度。由于两类特征向量范围差异较大，特征数值不集中，针对此问题，本节将采用L2范数归一化方法来对棉花的手工特征和深度特征进行归一化处理。具体计算公式如下：

$$X_2=\left(\frac{x_1}{\|X\|_2},\frac{x_2}{\|X\|_2},\cdots,\frac{x_n}{\|X\|_2}\right) \tag{4.17}$$

由式(4.17)可知，$X$为特征向量，经过L2范数归一化后，得到向量$X_2$。经过归一化后，棉花图像的手工特征向量和深度特征向量的欧氏距离和余弦相似度均是等价的。

2. 特征融合模块

利用深度网络模型ResNet提取出高语义抽象的深度特征，具有更多全局特征信息和抽象深层特征信息，但是对图像细节的感知能力较差。而手工设计特征分辨率高，包含了更多棉花的表型性状和位置细节信息，但是语义抽象等特征较少，易受到背景等噪声的干扰。因此将二者进行特征融合，是棉花各生长期图像分割的精确度和准确率进行改善的关键。针对此问题，为了能够使得特征融合后拥有两种尺度特征的语义抽象特征信息和局部表型特征细节，本融合模块将提取出的手工设计特征向量与深度特征向量融合成单一的特征向量，来代表本节对棉花各生长期图像的特征提取向量。

图像特征融合的方法按照融合和预测的先后次序分为早融合(early fusion)和晚融合(late fusion)。研究发现，早融合的原理是先融合多层特征，再对融合的特征进行训练和预测，代表融合方法为Concat和Add操作。Concat融合方法直接将两个不同尺度特征进行连接，若两个特征的维数分别为$p$和$q$，则融合后特征维数为$p+q$。而Add融合方法为将两个特征向量进行复向量运算，设输入特征为$x$，$y$，则融合后特征为$z$，其中，$z=x+iy$($i$为虚数单位)。

与早融合方法原理相反，晚融合首先分别将手工特征和深度特征输入预测，然后根据预测结果来改进融合的细节和性能，最后进行综合。考虑到手工提取特征和深度特征向量维数的复杂性，以及实景棉田多变的天气和环境背景干扰，为了使两种尺度的特征更好地融合，本特征融合模块采用晚融合的方式，融合方式如式 4.18 所示：

$$F=[\gamma_1 F_H,\gamma_2 F_R] \tag{4.18}$$

式(4.18) 中，$F_H$ 为手工提取棉花特征向量，$F_R$ 为棉花深度卷积特征向量，而 $\gamma_1$、$\gamma_2$ 分别为对应的权重参数，且 $\gamma_1+\gamma_2=1$，该权重参数由后续实验的迭代对比得出具体值。

在实现对棉花图像的手工设计特征与深度特征融合后，得到的融合特征维度会增大，此时，特征向量中会有一些冗余干扰的向量信息，此时将融合特征中的冗余数据进行去除，并提取其主要特征成分，以达到降维的目的。本实验选用 PCA 主成分分析方法，它能最大程度保留图像中有用的特征信息，去除特征向量中冗余的噪声信息，对于提取的棉花多尺度融合特征，首先构建其特征向量的协方差。协方差公式如式(4.19) 所示：

$$\mathrm{cov}(a,b)=\frac{1}{m-1}\sum_{i=1}^{m}(a_i-\mu_a)(b_i-\mu_b) \tag{4.19}$$

由于前面对棉花手工特征和深度特征进行了归一化，故令其均值为 0，将其协方差矩阵进行对角化操作，则得到将融合特征矩阵 $P$ 按照协方差矩阵的特征值和其对应的特征向量从小到大、从上到下的排列，设融合特征向量 $P$ 有 $M$ 维，则该排列的前 $K$ 行组成的特征矩阵 $Q$ 为其降维后的矩阵，降维后特征向量可由式(4.20) 得出：

$$F_Q=\mathrm{diag}(\theta_1^{-1/2},\cdots,\theta_k)P_C^T F_R \tag{4.20}$$

式(4.20) 中，$(\theta_1^{-1/2},\cdots,\theta_D^{-1/2})$ 为棉花图像融合特征向量 $F$ 的排好序的特征值，$P_C^T$ 为其对应的特征向量，而 $F_R$ 表示需要保留的特征向量的维度，维度为 $R$。在经过降维之后，得到最终多尺度棉花特征融合的特征向量 $F_Q$。由于本章研究的棉花数据集样本不多，且数据集规模小，因此得到融合的特征向量后，可直接将此特征向量代入后续的深度网络分割模型中计算。

### 4.3.4 实验结果及分析

本节将人工特征算子手工提取棉花生长图像特征与深度网络模型 ResNet 得到的深度特征通过晚融合的方式进行特征融合，后经 PCA 降维处理，得到其稳定且冗余干扰较少的多尺度棉花融合特征。为了检验本方法得到的手工特征与深度特征相融合的多尺度融合特征的效果，本节实验将使用融合特征与卷积神经网络提取出的深度特征对棉花的各生长时期进行分类对比，以检验本节提出的融合特征的提升和优化效果。首先，建立一个包含4500张的棉花生长图像数据集，将其分为三组，分别对应生长时期的三个类型，分别为“棉铃期”“棉裂期”“棉花期”。将图像融合后的多尺度棉花特征作为输入输进构建的分类网络模型中，本实验构建的手工与深度特征融合的网络模型，即棉花生长期分类模型，如图4.14所示。

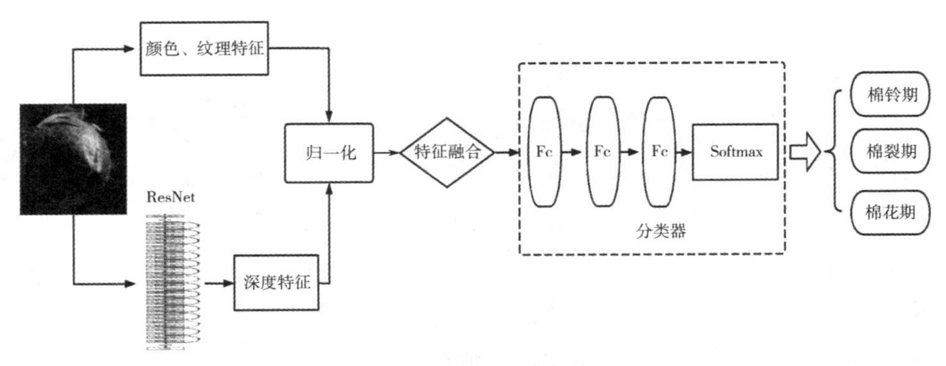


**图4.14 棉花生长分类模型图**

由图4.14可知，以单个棉花图像输入分类模型，在根据先验知识手工提取其颜色、纹理等特征后，将其和经ResNet卷积层残差模块提取得到的深度特征归一化融合，随后进入分类器模块，输出三种棉花生长期的分类结果。本实验分类器模型由三个全连接层Fc_1、Fc_2、Fc_3和函数模块Softmax组成，其中在Softmax模块中使用交叉熵损失(Cross-entropy loss)作为损失函数，构建成棉花生长期线性分类模型。

在分类器的第三个全连接层Fc_3中，添加一个relu激活函数，以缓解梯度消失的问题。每一层的全连接层的参数各不相同，权重由融合图像的特征总维度Q和手工深度融合比例系数决定。接下来在Softmax中引入交叉熵损失函数，降低Softmax预测棉花类别的误差，判定实际预测值和期望值的接近度。在Softmax模块中处理三个种类的棉花生长图像时，需要对每个图像中棉花生长种类的概率进行预测，计算公式如下：

$$S_i = \frac{e^{V_i}}{\sum_i^C e^{V_i}} \tag{4.21}$$

式(4.21)中,$V_i$ 是经过三个全连接层的融合特征向量输出,$C$ 代表种类,故此时 $C=3$,最后加入交叉熵损失函数,损失函数定义公式如下:

$$\text{Loss}=-\sum_{i} y_i \ln a_i \tag{4.22}$$

式(4.22)中,$y_i$ 代表 Softmax 输出分类正确的概率,当分类模型输出和期望输出越接近,交叉熵函数 Loss 也会随着变小,完成对分类时解决梯度下降并减小训练误差的作用。最终,分类器模型输出对每张棉花生长图像不同类别的概率矩阵,并通过其训练的平均分类准确率,用以评估棉花生长时期图像多尺度特征融合提取特征的效果和分类准确度。

1. 实验数据集创建及训练细节

从前一节所介绍的棉花数据集中,分别挑选 1000 张棉花各生长时期的图像。考虑到实景棉田所带来的复杂背景和多变天气的干扰,根据其背景类别,将其划分为晴天、阴天、复杂背景环境三个场景组,分别有 2000 张、1600 张、900 张图像,数据样本如图 4.15 所示。依据多尺度特征融合模型,提取出融合特征后输入棉花分类模型中,最终输出各类别的准确度和平均分类准确率来评估本研究中提出的特征提取方法的效果。

(a)复杂背景　(b)晴天背景　(c)阴天背景

**图 4.15　不同背景下的实景棉田样本图**

本实验使用棉花生长图像中的 3600 张图像作为训练集进行模型训练,900 张图像作为测试组成测试集,按照接近 8∶2 的比例划分,首先将训练集图像的分辨率以 512×512 像素的比例大小进行预处理,随后分块输入 RGB 颜色空间和 LBP 手工特征算子提取出带有纹理和颜色的手工特征,再将图像输入深度网络模型 ResNet 并改进最后两个 Stage 模块得到带有深度语义特征信息的棉花图像全局深度特征向量,最终将二者归一化,利用晚融合方法,提取出带融合权重的棉花多尺度深度融合特征向量。将结果输入构建的棉花生长期分类器中,通过交叉熵损失函数对训练集进行训练,在训练过程中,发现当手工特征和深度卷积特征融合比例权重系数为 0.35 和 0.65

时，交叉熵损失函数降为最低，故本研究将融合权重设置为 $\gamma_1=0.35$，$\gamma_2=0.65$。最终，得到其分类模型的分类概率预测矩阵，设置学习率为0.001，Epoch＝50进行训练集训练。得到的训练和测试的交叉熵损失函数图如图4.16所示。

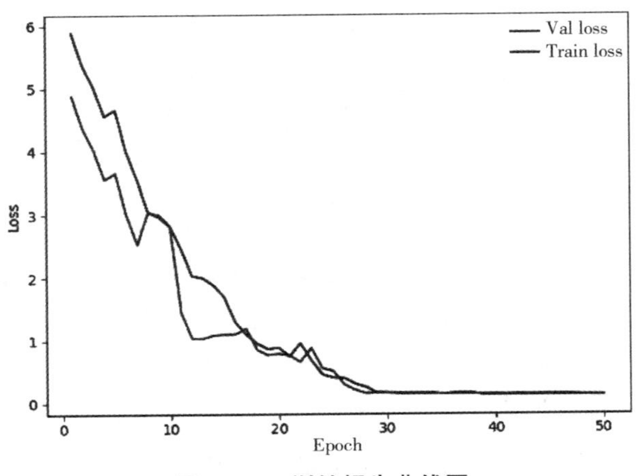


**图4.16　训练损失曲线图**

由图4.16可知在训练到Epoch＝30的时候，损失曲线趋向稳定，因此分类模型和损失函数的选取效果和可行性较好，将训练好的模型参数保持不变，为下面对比实验做准备。

2. 对比实验及评价

为了验证上节所提出的手工特征与深度特征融合的有效性和可行性，将本节提取棉花生长图像特征的方法与AlexNet、VGG-16、GoogleNet、ResNet、MobileNet五种卷积神经网络提取的棉花数据集图像深度特征进行图像分类比较，通过比较其平均分类正确率来确定本节所提出的多尺度融合特征算法的可行性和有效性。

本实验旨在探究复杂背景下的棉花特征提取存在的难点，主要由气候环境和实景农田所引起的遮挡问题所导致。为了解决这一问题，我们进行了两类对比实验。首先，本节不对分类棉花数据集进行场景划分，而是直接进行对比实验。具体做法是将相同的数据集以“端到端”的方式输入各卷积神经网络，提取特征后输出深度特征向量，再将这些特征向量输入本节设计的图像分类器中，进行相同步骤的分类操作。经过输入后，本特征提取方法和各深度网络模型特征提取方法经过分类器得到的平均分类准确度对比结果如表 4.3 所示。

**表 4.3 各类卷积神经网络和图像特征提取方法的棉花分类准确率**

| 棉花生长时期 | 方法 | | | | | |
|---|---|---|---|---|---|---|
| | AlexNet | VGG-16 | GoogleNet | Mobile Net | ResNet | 图像特征提取方法 |
| 棉铃期 | 66.4% | 82.5% | 77.8% | 80.5% | 84.1% | 89.3% |
| 棉裂期 | 72.5% | 77.3% | 72.5% | 76.3% | 80.8% | 84.5% |
| 棉花期 | 70.2% | 83.5% | 84.4% | 82.5% | 88.6% | 90.5% |
| 平均准确率 | 69.7% | 81.1% | 78.2% | 79.8% | 84.5% | 88.1% |

在不同特征提取方法所得的分类结果中，对于棉花成熟期的识别，各方法的准确率较高。然而，棉裂期因受到遮挡和杂草等干扰，其识别准确率较低。相比之下，棉铃期由于其独特的颜色和形状特征，具有较高的识别准确率。通过对比结果，可以明显看出，本章所提出的特征提取方法在分类结果上明显优于前述常用的深度网络模型。此外，与仅提取深度特征的 ResNet 模型相比，本章方法的效果更为出色，从而验证了设计棉花手工特征的重要性，以及多尺度融合特征的可行性和必要性。

接下来，为验证本章的特征提取方法对实景棉田中棉花所受复杂背景和多变天气的影响，我们将数据集分为晴天、阴天和复杂背景三组，同样采用上述分类方法进行实验。为确保公平比较，我们保持权重设置与之前相同，并重新进行三组对比实验。这将有助于验证本章方法在提取特征时对抗干扰的效果以及鲁棒性的程度。对比实验结果如表 4.4 至表 4.6 所示。

**表 4.4 晴天背景下棉花分类准确率**

| 棉花生长时期 | 方法 | | | | | |
|---|---|---|---|---|---|---|
| | AlexNet | VGG-16 | GoogleNet | MobileNet | ResNet | 图像特征提取方法 |
| 棉铃期 | 68.1% | 82.1% | 79.4% | 81.2% | 83.9% | 89.9% |
| 棉裂期 | 70.5% | 78.3% | 71.6% | 78.6% | 79.2% | 84.1% |
| 棉花期 | 71.2% | 82.9% | 82.9% | 81.9% | 86.9% | 91.2% |
| 平均准确率 | 69.9% | 81.1% | 78.0% | 80.6% | 83.3% | 88.4% |

**表 4.5　阴天背景下棉花分类准确率**

| 棉花生长时期 | 方法 | | | | | |
|---|---|---|---|---|---|---|
| | AlexNet | VGG-16 | GoogleNet | MobileNet | ResNet | 图像特征提取方法 |
| 棉铃期 | 70.4% | 84.3% | 81.1% | 83.4% | 86.9% | 91.2% |
| 棉裂期 | 70.5% | 81.1% | 74.3% | 82.6% | 83.3% | 88.4% |
| 棉花期 | 74.2% | 83.4% | 80.9% | 83.9% | 87.2% | 93.2% |
| 平均准确率 | 71.7% | 82.9% | 78.8% | 83.3% | 85.8% | 90.9% |

**表 4.6　复杂背景下棉花分类准确率**

| 棉花生长时期 | 方法 | | | | | |
|---|---|---|---|---|---|---|
| | AlexNet | VGG-16 | GoogleNet | MobileNet | ResNet | 图像特征提取方法 |
| 棉铃期 | 67.7% | 80.6% | 82.5% | 80.9% | 83.2% | 88.6% |
| 棉裂期 | 68.9% | 79.2% | 72.1% | 78.3% | 79.6% | 87.3% |
| 棉花期 | 70.5% | 80.9% | 80.1% | 81.2% | 84.8% | 89.7% |
| 平均准确率 | 69.0% | 80.2% | 78.2% | 80.1% | 82.5% | 88.5% |

通过上述三组不同天气背景的实验结果可以得出结论，阴天的天气背景下，各特征提取方法的分类准确率较高，而在复杂背景下，各方法的分类平均准确率普遍出现较大的下降。具体来看，AlexNet 模型的平均准确率下降了 2.7%。与此相比，本章方法虽然也有下降，但其准确率降幅仅为 2.4%。同时，在与相同结构的深度提取网络 ResNet 进行对比时，我们发现在复杂背景中的棉花生长期分类平均准确率相差近 6 个百分点。这一结果明确表明，通过将手工底层设计的特征融合进模型，使其在抵御复杂背景干扰方面表现出色，鲁棒性明显提升，超越了 ResNet 等模型的效果。

综上所述，本节所提出的将手工特征与深度特征融合的多尺度特征提取方法在模型分类方面呈现出卓越的表现和强大的鲁棒性，有效地提高了模型的精度。这些实验结果不仅验证了本算法的可行性，也证实了其在优化模型性能方面的有效性。

# 第5章　面向火灾早期预警系统的研究

## 5.1　案例背景

### 5.1.1　研究背景及意义

在自从人类学会了通过运用火来改变自身生活生产方式，火灾的危害也随之而来。火灾发生时破坏性巨大，高突发性又让人猝不及防，同时造成灾后救助处置困难等一系列问题，全球每年发生大约有20多万次森林火灾。2019年到2020年澳大利亚发生的特大型森林火灾不光造成30亿动物的死亡或逃离，许多的当地居民也受到影响，人身安全无法保障的同时，经济和公共资源的损失也是不计其数。从以往的火灾统计来看，在火灾发生以后对山火或者森林火灾进行救治和围堵，不仅需要大量的人力物力的投入，而且极可能造成救灾人员的二次受伤。同样的，火灾在中国也是容易发生的灾害，大约每年有将近一万多起森林火灾。

火灾造成的结果极其严重，被大火燃烧后的土地，植被被破坏，短时间内无法生长新的植物或作物，造成严重的土壤沙化和水土流失，如果靠近人类的居住环境，泥石流等灾害的发生也威胁着周围居民的人身财产安全。森林火灾造成濒危物种的死亡，破坏生物的多样性，其燃烧过程中向大气中排放的大量二氧化碳在对生物造成伤害时也会加剧全球的温室效应。后续更会存在一系列恶劣影响，比如影响极端气候的发生可能引发新的自然灾害，结果伴随的物种迁徙又会侵害威胁其他物种生存，破坏生态平衡。

城市火灾的发生则更加直接影响人类的工作生活，高楼大厦发生火灾时，人员密集使得人们逃离火灾困难，后续消防人员实施救助困难，挽救财物经济的损失更是可能性小，严重消耗社会公共资源，增加社会管理压力，人员后续的安置和灾后重建工作也需要消耗大量财力和资源。无论是人为还是自然原因引发的火灾，火灾的发生带来的成本与影响都是巨大的，因此人们更多地关注灾预防措施。

无论是室内还是室外的火灾，其早期发生的主要特征还是烟雾，要想达到早期火灾报警系统响应快的实时性需求，早期火灾探测技术的关注点就在于烟雾的检测。烟雾具有运动快、扩散面积广特点，对于遮挡物多的火灾地点或者阴燃的燃烧场景，可以作为检测的判断依据。因此，无论是设计算法响应快的烟雾检测算法，还是开发设备成本低和实时性好的火灾早期报警系统，对火灾的预防都有着不小的助力，方便消防人员迅速采取系列防护救助措施，减少火灾受灾面积和人民生命财产损失。

### 5.1.2　国内外发展和研究现状

目前森林火灾的监测大多靠巡视监测、瞭望检测、火情探查、火灾预警等工作实现，地面巡视和建立瞭望塔观察虽然能实现实时监控，但人员的参与无法 24 小时完全监控，巡视人员休息时期和疲倦期都会产生火灾监控的真空期，使得在增加人工成本的同时也可能造成监测区域的遗漏，因此实现自主监测火灾并做出预警的火灾防护系统也是消防安全的重点。

一般当火灾出现时，产生火焰的时间点附近都会伴随发生一系列物理化学变化，例如产生烟雾、发光、产生高温等，这些变化相当于火灾发生的报警信号，通过火灾报警器的传感器接收这些变化信息后转化为电信号，再由内置的单片机或者联动装置发送警报，方便人们快捷迅速的发现火灾并采取相应应对措施，及时灭火，保障人民生命财产安全。

现阶段通常使用的传感器火灾探测装置大致可以分成三类：感温型探测器、感烟型探测器和感光型探测器。感温型是利用热敏传感器接收周围环境温度的变化后作出自身阻值的变化，传递电信号给内置火灾检测程序的单片机进行判断是否预警。虽然这种探测器机构简单、工作稳定、价格便宜，但其探测需要的温度感应范围较小，对于类似阴燃物这些面积小但有火灾隐患的情况作用有限。感烟型是通过分析烟雾微粒的浓度来检测烟雾，虽然灵敏度较高且响应快，但不适用潮湿的野外和有粉尘的大工厂，而且风的因素会让烟雾的运动方向和浓度无法有效触发报警器。感光型则是检测火灾发生后的火焰燃烧的紫外线和红外线来发出警报，这种检测器检测范围广，但在室外森林等复杂场景下，光线的干扰和遮挡物的存在使其应用场景受限制。

一般的烟雾报警在室内面积小的场景下效果明显，但对于类似变电站、大型仓库和野外森林牧场等大范围场景，不仅受光照、强风等复杂环境因素影响大，并且存在铺设面积大、维护成本高等缺点。而低成本、高效率的视频烟雾检测技术在面对大范围复杂场景下的火灾监控预警领域就有很大的作用。

传统的视频烟雾检测算法多为提取烟雾单一特征或将提取多种特征融合，从各个方面对烟雾进行识别与分类。烟雾主要具有颜色、形状、对比度等静态特征，以及速度、扩散方向、光流等动态特征。孙建坤于2013年对视频帧图像中的特定区域的烟雾块为目标样本做RGB直方图统计，归一化直方图后，将检测帧做直方图投影，统计属于烟雾的概率。最后让检测帧图像与背景图像作差，利用差值图像在烟区和非烟区的差异性检测分类烟雾图像帧。但这种方法过于主观，对颜色上与烟雾类似的非烟雾物体会产生误判。与前面使用背景减除法检测烟雾运动的方法不同，王世东于2014年使用Choque模糊积分算法找到动态区域，在YCbCr颜色空间中找到疑似烟雾区，然后利用烟雾向上的运动趋势特性进行烟雾识别分类。袁非牛于2011年提出使用局部二值模式算子提取图像中烟雾的纹理特征参与到分类过程，提高了烟雾检测的识别率，也成为了烟雾的主流纹理特征研究方向。张娜于2017年提出先用粗糙集分割方法将图像先大致分割成颜色相同类的若干个区域，然后利用其颜色特征结合帧差法找出烟雾疑似的区域，再在这些怀疑是烟雾的区域中选取种子位置，最后在结果图上使用区域生长就能得到较为完整的烟雾区域结果，该方法主要针对区分不同燃烧物质产生的不同颜色的烟雾。兰苏于2012年提出用动态纹理检测的方法对烟雾进行运动分析，结合光流法和水平集法对森林火灾烟雾图像进行分割。但计算资源消耗大，无法满足实时性的需求。周忠于2019年在分块建模的基础上检测运动目标，联合在HSV颜色空间和RGB颜色空间提取到的颜色特征判定是否为烟雾疑似区域，然后分成四步完成多特征融合的烟雾识别：第一步，基于纹理特征提取烟雾图像的 Harri 角点数，用角点个数和角点形成的烟雾区域面积占比作为判定标准；第二步，运用光流法计算烟雾运动时的速度均值和速度方差来判断；第三步，利用烟雾出现会造成背景频域的高频分量降低，用小波变换提取背景烟雾能量衰减比判定；第四步，将疑似烟雾面积平均增长率作为最后一步的综合判定条件。

传统方法大多基于手动设计的特征提取算子，在对烟雾的判定上较为依赖阈值的选取，而这些判定规则又未必能够显示烟雾的本质特征，使得阈值的选取直接影响最终烟雾检测的准确率。近些年来，视频烟雾检测越来越多的使用机器学习和深度学习来搭配提取的烟雾特征数据，或直接的对原图像进行训练分类，达到高效率、高精度、高实时性的视频烟雾检测需求。

常见的机器学习分类器比如 K 最近邻、支持向量机、AdaBoost、隐马尔可夫等在视频烟雾检测中较为常用。Prema 于 2016 年在 YUV 空间提取烟雾色彩特征分割候选烟区，然后利用烟区的小波能量变化和灰度共生矩阵(GLDM)提取的灰度相关性描述烟雾的纹理特征，最终放入 SVM 中训练分类识别烟雾。这种方法虽然在一定程度上改善了准确率，但其提取到的特征容易受到各种环境因素的影响，在复杂环境下仍然有较高的漏报率和较大的高误报率。冯磊于 2018 年通过一组五个优选方向不同的 Gabor 滤波器，让每个时间差分图像做卷积计算，用得到的这些灰度滤波图像的综合统计结果，作为建立用于分类的烟雾流动模型的分类特征，再搭配颜色特征和能量特征，最后选用径向基核函数(radial basis function，RBF)的 SVM 作为分类器。刘恺于 2019 年使用高斯混合模型(GMM)检测视频中运动区域，再用 YUV 颜色模型确定疑似烟雾的区域，结合小波变换和均匀局部二值模式(ULBP)计算烟雾在空间维度里的特征，最后融聚多种特征向量放进 Real AdaBoost 分类器进行火灾识别。ULBP 直方图与 LBP 直方图相比较拥有着更少的特征维度数，就代表着其提取到的特征数量少，这样更加有利于提高后续分类器的分类效率。SVM 和 AdaBoost 分类器在小样本数据面前有较好的分类效果，但面对大样本时候就显得有些乏力。而近些年神经网络在图像分类检测领域发展迅速，其高精确度和端对端的检测图像高维特征也在视频烟雾检测中起得良好作用。陈俊周于 2016 年将图像和图像的光流序列分别作为卷积神经网络的输入得到静态纹理特征和动态纹理特征，显著提高了烟雾的识别效率。张斌于2019年基于CNN对视频单帧图像里的运动区域判断为有烟后，提取该帧前后两帧图像相应位置，以获取相邻帧的运动特征放入循环神经网络(RNN)中累积，较于单一使用CNN有1%的精确度提升。高丰伟于2018年在建立动态纹理系统(linear dynamic system，LDS)运用主成分分析(PCA)计算出参数后结合SVM对烟雾分类，最后结合CNN分类的结果采用混合决策的方法判定烟雾视频帧。

### 5.1.3 视频火灾检测技术的优势

对比传统的传感器型火灾预警系统，使用视频监控并结合烟雾图像连续帧检测实现对野外火灾的预警，这样不仅可以很好地促进火灾预警系统智能化、自动化的积极发展，同时能针对传统火灾检测技术出现的问题加强改善：

第一，采集视频数据所需的硬件成本低。视频检测技术是根据摄像头中传送的画面进行检测，不光成本低，且一般城市里大型仓库通常大面积覆盖摄像头，只需调取数据传输接口做后续算法开发即可，能够进一步降低火灾检测的硬件采集成本。

第二，视频火灾检测技术的适用性更广。对于室外或者大型室内空间的火灾防范工作来说，视频火灾检测技术不仅能够实现远程操控的功能，而且排除了火灾预警中空间的限制，同时能显著降低传统多特征烟雾检测方法对于判定阈值的依赖。

第三，视频火灾检测技术具有预警响应速度快的特点。通常在火灾发生的初期一般不会有明显的火焰出现，如一些覆盖物的存在或者阴燃等情景下，火灾发生的初期只是产生烟雾。因此能提高火灾的报警成功率，及时且高准确率地识别出烟雾，这些都是火灾早期预警系统的实际需求。

第四，运用视频火灾检测技术除了能够在火灾发生时及时发出预警报告，视频的实时数据传输也能表明火灾发生的位置信息，对比摄像头安装时候的尺度标定情况，可以快速便捷地定位到火灾始发地。

## 5.2　烟雾图像的疑烟区识别

### 5.2.1　疑烟区的检测方法

本节介绍图像中疑烟区(疑似烟雾区域)的检测,是整个烟雾检测系统第一步,运用视频连续帧的烟雾运动信息区别于背景,将烟雾的动态特征融入特征检测中,不仅能减少后续分类器需要检测的图像数量,减少系统检测时间,更能提高烟雾检测系统的精确度。本章的主要研究包括对输入视频帧图像的图像滤波降噪、图像形态学处理,使用混合高斯模型(GMM)对视频背景建模,找到疑似烟雾的运动区域,过滤部分非烟雾区域和非烟雾视频帧图像,为后续的烟雾特征提取和烟雾特征分类提供分析对象。

面对实际应用场景中,先对视频连续帧中的运动目标进行提取,可以有效过滤静态物体对运动烟雾检测的干扰,也可以大幅度减少后续神经网络分类器所需分类的疑似烟雾区域的量,有效提高算法整体检测速度和算法准确率。

对于运动物体的检测,目前较为常用的算法有帧差法、光流法和背景减除法。帧差法是让当前帧与前面的一帧或几帧图像进行差分运算,找到灰度值不同的部分即认为是运动区域,但缺点是前景和后景在烟雾的中间部分重叠会造成"空洞"现象。

一般理想状态是目标物体所在的背景区域像素不作改变,但在实际的应用场景中往往不尽如人意,造成背景像素值不断发生变化的主要原因有:一是图像背景中物体的运动,如树木和树叶的随风晃动,人或者飞鸟出现在镜头前,甚至架设在高塔上的相机抖动所带来的背景图像晃动,这些环境或人为的因素都会对运动目标的检测造成很大的干扰。二是图像亮度随时间变化而产生变化。计算机视觉中摄像机采集数据时使用的背光灯或补光灯是为了减少光线变化对图像的干扰,在室外环境中,添加背光灯等稳定光源的照明设备是不现实的,这些地方大多靠自然光,会受到太阳直射光线、遮挡物形成的阴影、水面反光等背景干扰因素影响。

为了解决上述运动目标检测方法在烟雾检测实际应用中的缺陷,以及满足视频烟雾检测算法鲁棒性的需求，本文使用混合高斯模型对视频背景建模，再结合背景减除法提取视频中的运动前景作为疑烟区。GMM 就是用了多个高斯模型加权混合在一起模拟背景的像素分布，高斯混合模型的定义如式(5.1)所示：

$$P(x)=\sum_{k=1}^{K}p(k)p(x\mid k)=\sum_{k=1}^{K}\pi_k N(x\mid\mu_k,\Sigma_k) \tag{5.1}$$

式(5.1)中，$N$ 表示图像建模时使用的 $N$ 维高斯，这里使用的是二维的，$k$ 代表混合高斯模型中的高斯模型个数，而 $\pi_k$ 则表示每个高斯分布的混合加权的权值，为 0 到 1 之间的概率，且其权值的总和为 1。

通过最大似然估计来确定模型的参数，GMM 的似然函数如式(5.2)所示：

$$\sum_{i=1}^{K}\log\left\{\sum_{i=1}^{K}\pi_k N(x\mid\mu_k,\Sigma_k\right\} \tag{5.2}$$

最后使用最大期望算法计算其中的参数，如式(5.3)至式(5.7)所示：

$$\gamma(i,k)=\frac{\pi_k N(x_i\mid\mu_k,\Sigma_k)}{\sum_{j=1}^{K}\pi_j N(x_j\mid\mu_j,\Sigma_{kj})} \tag{5.3}$$

$$N_k=\sum_{i=1}^{N}\gamma(i,k) \tag{5.4}$$

$$\pi_k=\frac{N_k}{N} \tag{5.5}$$

$$\mu_k=\frac{1}{\sim N_k}\sum_{i=1}^{N}\gamma(i,k)x_i \tag{5.6}$$

$$\Sigma_k=\frac{1}{\sim N_k}\sum_{i=1}^{N}\gamma(i,k)(x_i-\mu_k)(x_i-\mu_k)^T \tag{5.7}$$

一般选择三到五个高斯模型混合对预留背景帧进行建模，然后从待检测帧开始，判断新图像的像素点是否能匹配上混合高斯建立的背景模型，如果不匹配则说明在视频帧图像中发现运动目标，符合的话就是背景图像。

### 5.2.2 图像滤波

噪声无处不在，图像的采集、传输和存储过程中都常伴有图像噪声的存在，摄影设备的分辨率低、传送介质不稳定和存储单元的损坏都是可能产生图像噪声的原因。然而什么时候和什么位置产生噪声是一个随机过程，只能用统计概率的方法对其进行描述并生成一个多维随机过程。图像中噪声的存在不仅会增加处理冗余图像的时间，同时也会干扰图像中目标关键特征的选取，导致后续目标识别和分类的精确度的降低。一般对图像噪声的直观视觉效果感受就是图像模糊、图像上有不必要的点。

椒盐噪声和高斯噪声是图像中较为常见的噪声。椒盐噪声又名脉冲噪声，视觉上表现为图像中出现的黑色（椒噪声）和白色（盐噪声）的像素点，椒盐噪声的出现位置是不固定或者无法预测的，一般使用中值滤波来消除椒盐噪声。高斯噪声则是噪声像素的概率密度函数，服从高斯分布，主要是由阻性元器件的内部产生，常使用高斯滤波进行降噪。下面对均值滤波、中值滤波、高斯滤波这三种图像预处理中常用的滤波器进行分组实验，并比较在烟雾检测中的降噪效果，最终确定合适的滤波器。

### 5.2.3　图像形态学处理

一般图像经过二值化处理后的结果都差强人意。在对图像做完阈值分割之后，如果阈值的选择不当或者不够贴近理想值，那么目标区域的二值化结果很容易失真，有用的特征信息会和图像噪声混合在一起，并且二值化图像的形状不是标准的，这对于下一步的图像识别和分类会造成不便。形态学运算是基于图像的形状特征的非线性图像处理技术。形态学运算可以不依赖图像像素的具体数值，而是关键看像素值的相对排列顺序，因此在做形态学处理之前必须将原始图像转为二值图像。图像中所有可能存在目标的位置都会与形态学处理模板进行匹配，从而与目标的临近域的像素值进行比较，测试结构元素与邻域的匹配度或者测试二者是否存在交集。

在对二值化图像进行图像形态学处理操作时，如果某处结构元素符合使用条件，经过布尔逻辑计算后，一张新的二值图像就是整个形态学处理后的结果。其实结构元素模板可以等价于小的二值化图像，里面的像素值只有 1 和 0。图像的尺度大小确定了结构元素的大小，而 1 和 0 的排列分布的不同就决定了不同结构元素模板结构上的差异，通常结构元素的运动基点就是模板的中心点。

如图 5.1(a)所示的表示大小为三像素，值全为 1 的正方形结构元素，图

5.1(b)是除了交叉处有非零像素值的十字形的结构元素，图 5.1(c)表示使顶点元素为 0 从而构成 5×5 的菱形结构元素。图 5.1 中的三个模板都是奇数长宽，其扫描运动基准点都是中心点，在扫描图像时通过移动基准点使被处理图像像素点一一重合，并依次进行匹配检测，常用的结构元素大多是由奇数个像素点构成的。

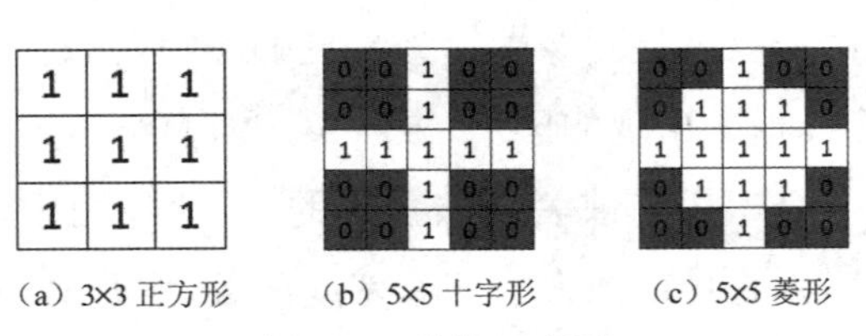


**图 5.1　结构元素图**

## 5.3　烟雾的特征分析

烟雾的特征包括颜色、纹理、运动方向、扩散特性、小波能量变化、图像熵变化等，其中烟雾颜色特征是人们在研究火灾预警时最能直观感受到的特征，尽管不同的材料燃烧时释放烟雾的颜色不同，但多以灰白色为主。另外，燃烧时产生的高温会加热空气，导致热空气上升、冷空气下降，空气的流动附带着烟雾也具有向上运动的趋势。烟雾浓度较高时具有遮挡性，烟雾小波变换后的高频能量占比与非烟雾的小波变换占比有很大差距。本小节主要是选择颜色特征和小波变换的特征作为烟雾图像初步判断的条件。

### 5.3.1　颜色特征分析方法

1. RGB 色彩空间

R、G、B 分别是红色、绿色和蓝色三原色的英文首字母缩写，是目前使用最广泛的颜色空间模型。如图 5.2 所示，在 RGB 颜色模型中，通过 R、G、B 三种颜色按照不同的比例叠加可以呈现各种不同的颜色，每个颜色分量的取值范围取决于像素取值范围，调节某个像素点位置的三个通道的像素分量数值就能达到改变该像素点在 RGB 颜色空间的颜色。

烟雾图像在 RGB 颜色空间中是可以找到一些特征的。类似人在看到烟雾时的直观印象，烟雾的颜色一般呈现出接近灰度图的特征，可以将烟雾

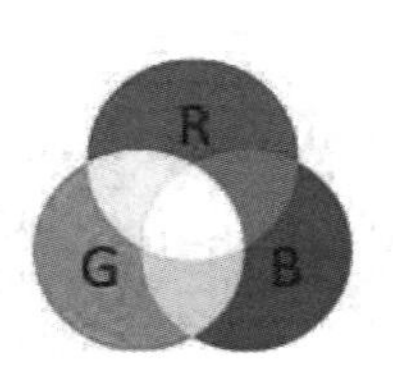


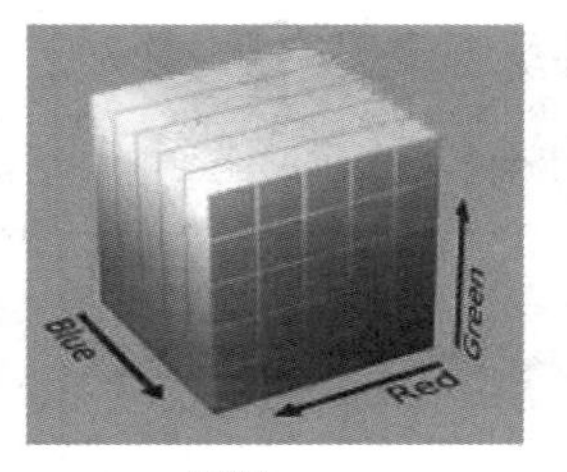


RGB

**图 5.2　RGB 颜色空间**

颜色按灰度级分为浅灰和深灰，这也表明烟雾图像的 R、G、B 三个分量的数值相等或者接近。

图 5.3 是 4 组不同的图像，以及它们对应的 RGB 颜色统计直方图。如图 5.3(a)、图 5.3(c)所示的含有烟雾的图像的 RGB 颜色直方图[如图 5.3(b)、图 5.3(d)所示]统计结果显示，图像中有烟雾时，其三个通道的像素值分布相似，数值差异不大，并大量集中在灰色和白色的区域，虽然图 5.3(a)中的树林深绿色背景和土地黄色背景会对直方图有部分干扰，但对结果影响不大。无烟雾图像图 5.3(e)的 RGB 颜色直方图可以看到，无烟雾图像的 RGB 分布差异还是很大的。但是，图 5.3(g)也是无烟雾的图像，而喷泉的颜色又类似烟雾，用这组图像当成烟雾图像 RGB 颜色特征的干扰项，发现喷泉的 RGB 直方图分布同样接近，证明单一特征的判断适用性较差，单一的 RGB 色彩空间不适合用于作为烟雾图像的判断条件，其无法排除流云、喷泉、河流等干扰物的干扰，容易造成火灾报警系统的误触发，增加烟雾检测的误检率。

2. HIS 色彩空间

上节分析了烟雾像素的 RGB 值是近似相等的，但是依然不能作为烟雾颜色的有效特征进行识别，原因是当其他物体是深灰色或者深白色时，该物体各个像素的 RGB 值也近似相等，因此需要研究其他颜色空间的像素值分布规律以作为判别基准。本节对彩色烟雾像素在 HIS 空间中的分布情况做分析。与 RGB 色彩空间类似，HIS 空间的三个分量 H、I、S 分别代表的是色调(Hue)、亮度(Intensity)和饱和度(Saturation)，而 RGB 转换为 HIS 颜色

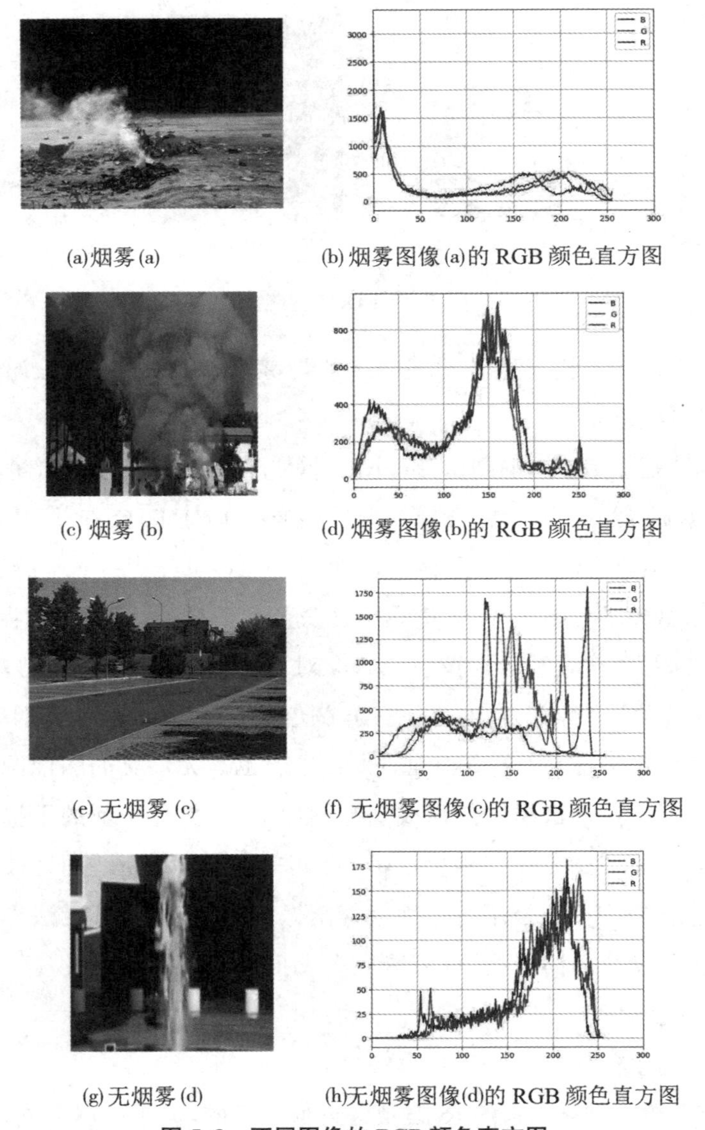

(a)烟雾(a)　　(b)烟雾图像(a)的 RGB 颜色直方图

(c) 烟雾 (b)　　(d) 烟雾图像(b)的 RGB 颜色直方图

(e) 无烟雾 (c)　　(f) 无烟雾图像(c)的 RGB 颜色直方图

(g) 无烟雾 (d)　　(h)无烟雾图像(d)的 RGB 颜色直方图

**图 5.3　不同图像的 RGB 颜色直方图**

空间模型的转换公式如下所示：

$$I=\frac{R+G+B}{3} \tag{5.8}$$

$$S=1-\frac{3}{R+G+B}[\min(R,G,B)] \tag{5.9}$$

$$H=\begin{cases}\theta, B \leqslant G \\ 360-\theta, B > G\end{cases} \tag{5.10}$$

$$\theta=\arccos\left\{\frac{\frac{1}{2}[(R-G)+(R-B)]}{[(R-G)^2+(R-G)(G-B)]^{\frac{1}{2}}}\right\} \tag{5.11}$$

由于颜色的类别以及颜色的深浅程度可以使用亮度来表示，通过大量统计烟雾图像与非烟雾图像区域，其 $I$ 分量的分布大致符合规律：当烟雾呈现深颜色时，此时亮度比较暗，其像素的 $I$ 值大小大部分范围在 125 到 175 之间；而当烟雾呈现浅颜色时，表示亮度比较大，其像素的 $I$ 值主要分布在 200 到 250 之间。

如图 5.4 所示，图 5.4(a)中颜色较深的烟雾图像转换到 HIS 色彩空间模型后，除去背景树木等低亮度物体的干扰，烟雾的亮度 $I$ 分量大概率地分布在数值 150 左右。而颜色越浅，亮度越大。对图 5.4(b)的浅色烟雾图像的 $I$ 分量直方图统计，其分布主要在 200 到 250 范围内，实验结果基本符合上述烟雾图像在 HIS 色彩空间的特征，可以将 $I$ 分量的范围作为判断烟雾图像的阈值。

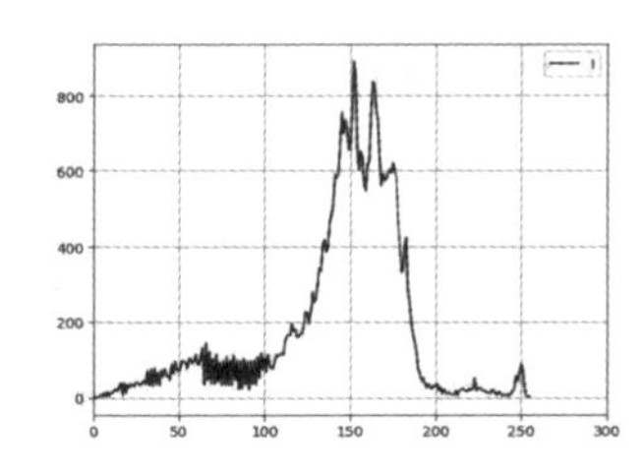


（a）颜色较深烟雾

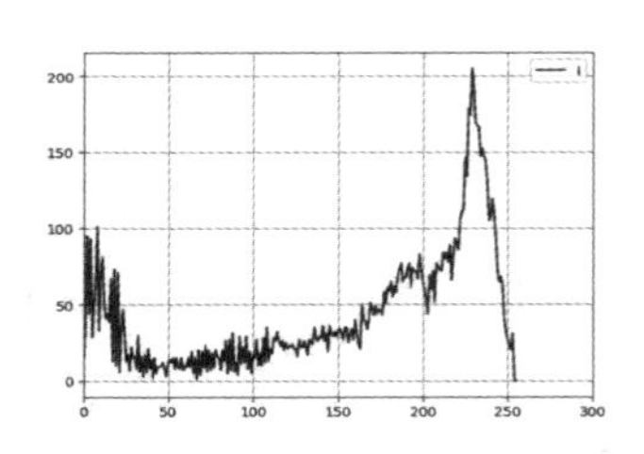


（b）颜色较浅烟雾

**图 5.4　烟雾图像及其 HIS 颜色空间 $I$ 分量统计直方图**

单一的 RGB 颜色空间无法满足烟雾在复杂情况下的颜色特征分类，因此，将烟雾图像分别在 RGB 颜色模型和 HIS 颜色模型中的统计特征结合一起，来判断疑似烟雾区的图像是否为含有烟雾的图像。判定条件就是，先统计疑烟区的 RGB 三个通道分量的数值相似的像素值总量，然后统计同区域 $I$ 的 HIS 模型的分量满足上面提到的烟雾特征范围的总量，最后只要这两个统计结果能同时达到 70%，那么就判断该疑烟区属于烟雾图像的范畴，然后提取小波变换的特征再次判定。

### 5.3.2 小波变换特征分析

小波变换作为图像处理的一种新技术，近年来广泛应用于模式识别和计算机视觉领域。小波变换能分析信号在时域跟频域的信息，并获取其本质特征。在图像处理方面较傅里叶变换效果显著，并在信号骤然变化的情形下依旧能进行分析。小波分解的意义在于信号分解可以选择不同的尺度，并根据目标进行选择。图像处理中经常需要对连续的小波变换进行离散化处理，通常采用二值离散的方法。将小波离散化和小波变换的过程称为离散小波变换(DWT)。低频部分通常包含信号的相似特征，而高频部分则表现为信号的差异。利用小波变换进行图像处理，可以获得图像的相似特征和差异信息，分别对应图像中的低频信息和高频信息。

## 5.4 面向火灾早期预警的系统实现

### 5.4.1 算法评价指标

本文实验采用的评价标准是 Kopilovic 等提出的烟雾检测评价指标，一般称为“TP 系列”，分别有 TP(True Positive，真阳性)，TN(True Negative，真阴性)，FP(False Positive，假阳性)，FN(False Negative，假阴性)，同时基于符合这些标准的分类结果数量，又存在多种分类的评价标准。

如表 5.1 所示，TP 表示的是有烟雾视频中检测到烟雾的视频帧数量，为正确检测；FN 表示的是有烟雾视频中没有检测到烟雾的视频帧数量，为错误检测；FP 表示的是无烟雾视频中检测到烟雾的视频帧数量，为错误识别；TN 表示的是无烟雾视频中检测到无烟的视频帧数量，为正确识别。

表 5.1　评价指标

| 样品实际 | | | |
|---|---|---|---|
| | | 1 | 0 |
| 结果预测 | 1 | TP | FP |
| | 0 | FN | TN |

如表 5.2 所示，TP 和 FN 的总和即为测试视频数据集的正样本，FP 和 TN 的总和即为测试视频数据集的负样本。一般对视频烟雾检测的分类评价标准从两个方面比较，首先本实验希望分类结果尽可能多地检测到有烟雾情况的视频帧，就意味着要求在正样本中的相对数量多，也就是 TPR 来衡量这一标准。其次，当无烟雾情况出现时要避免和减少误判断情况的发生，就意味着 FP 要尽可能地小，即假阳率 FPR 来衡量。

表 5.2　烟雾分类的评价标准

| 名称 | 计算公式 |
|---|---|
| 真阳率 | $\mathrm{TPR}=\frac{\mathrm{TP}}{\mathrm{TP}+\mathrm{FN}}\times 100\%$ |
| 真阴率 | $\mathrm{TNR}=\frac{\mathrm{TN}}{\mathrm{TN}+\mathrm{FP}}\times 100\%$ |
| 假阳率 | $\mathrm{FPR}=\frac{\mathrm{FP}}{\mathrm{FP}+\mathrm{TN}}\times 100\%$ |
| 假阴率 | $\mathrm{FNR}=\frac{\mathrm{FN}}{\mathrm{FN}+\mathrm{TP}}\times 100\%$ |
| 准确率 | $\mathrm{ACC}=\frac{\mathrm{TP}+\mathrm{TN}}{\mathrm{TP}+\mathrm{FN}+\mathrm{FP}+\mathrm{FN}}\times 100\%$ |

### 5.4.2　算法性能对比

如果将一段视频的无烟雾时间区间和生成烟雾区间分开考量时，它们的 ACC 就等于 TPR，并且 TPR 与 FPR 的和为 1，同样的 TNR 与 FNR 的和为 1。最后，本文以 ACC 作为算法的评价标准，部分测试视频的准确率结果如图 5.5 所示。

由图 5.5 可以看出本章节算法对室外环境烟雾检测的准确率要优于其他两种算法，但图 5.5 中室外森林野地组测试对于视频 4 中烟雾淡薄扩散快和视频 5 中流云干扰物的检测率较低。室外街道公路组测试实验中人、车辆

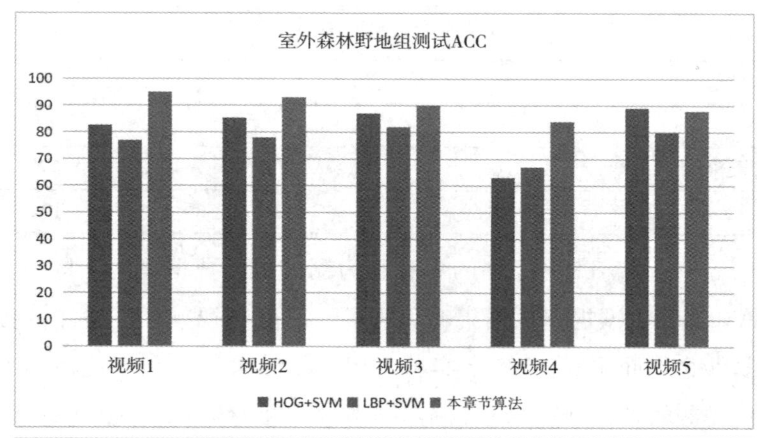


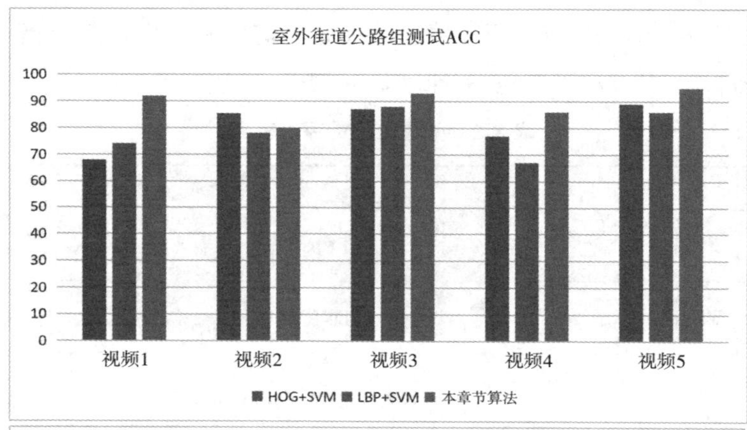


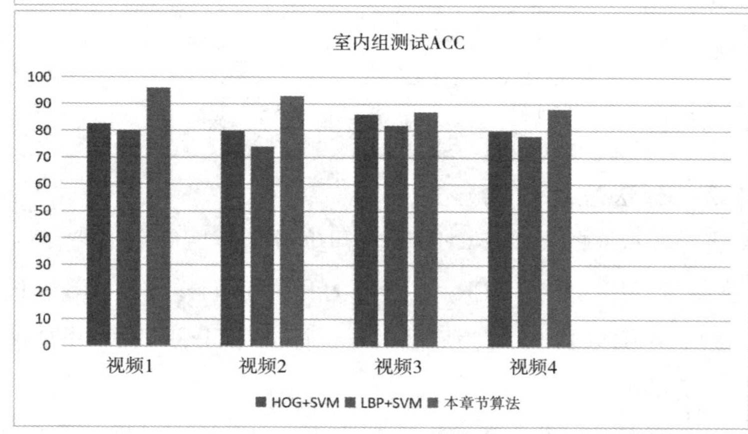


**图 5.5　测试结果图**

和灯光等干扰物对本文烟雾检测系统的影响较小，且无烟雾情形下的准确率较高，说明该算法对烟雾的识别效果较好，误检率低，系统的鲁棒性强。

而与同类算法的比较可以发现，传统烟雾检测的算法虽然灵敏度高，但同样的误检率也高，同时使用 SVM 分类器搭配单一或少量几种特征的算法样本容易过拟合，且鲁棒性差，无法应对复杂的室外环境。因此，基于神经网络的视频烟雾检测方法的准确率远远高于传统的方法，证明深度学习的方法适合在烟雾检测领域发展和应用。

### 5.4.3　算法时间及检测效果图

通过对视频连续帧图像中运动区域的检测，选出疑似区域后经过烟雾特征提取进一步筛选排除非烟雾的运动区域图像，最后将结果输入基于轻量级神经网络 MobileNet V3 的卷积神经网络分类其中进行分类检测，以此减少神经网络需要分类的帧数量，减少算法运行时间，加快系统检测烟雾的响应速度。本文算法在测试集中距离烟雾发生的帧响应最快隔了约 96 帧，大约响应滞后 3.84 秒。

### 5.4.4　预警信号传输

由于本实验研究受硬件设备和实验环境的限制，无法完全展示整个数据的采集、烟雾检测和火灾预警的实际过程。因此，本文将实验分为客户端和服务端，客户端可以理解为监测现场的数据采集和算法检测实现的部分，而服务端可以理解为对目标区域进行视频监测的图像展示窗口和报警信号的接收端。

为了模拟客户端将烟雾检测的结果信号发给服务端，本实验使用 Socket 套接字编写相应的客户端和服务端，二者之间绑定 IP 地址和端口号，通过 TCP 协议进行信息的传输。服务端一旦开启，就不断监听客户端，如果现场的设备检测到视频烟雾帧就发送预警信息给服务端。其中预警信息包含了烟雾图像出现的视频帧数，以及烟雾区域在图像中的位置坐标。以此警示服务端口的工作人员对火灾进行及时处理和后续消防的实况指导。实现过程用一台机器检测获得报警信息，另外使用网络程序开启 TCP 服务供服务端监听接收，发送信息示例图和接收端示意图如图 5.7 所示。

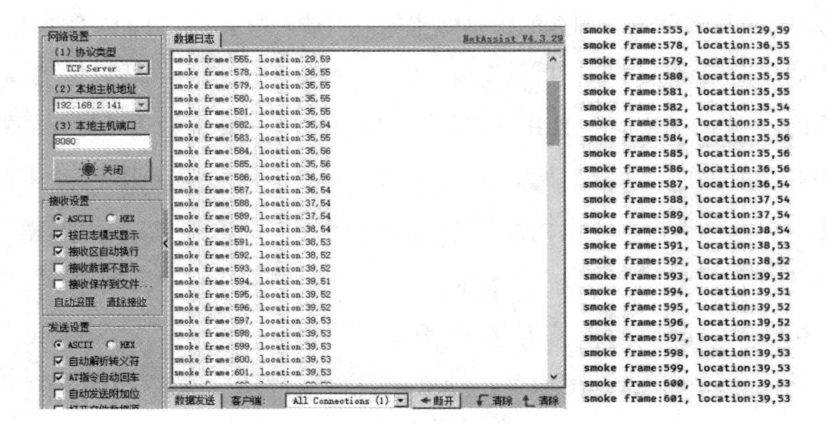


**图 5.7 预警信息 TCP 传输**

# 第6章　基于PSO-LSSVM的金属表面缺陷检测分类方法研究

## 6.1　案例背景

### 6.1.1　案例背景及意义

现代工业化水平的提高，使金属在工业生产中的使用量增加，同时市场对金属制品的需求量也是逐年提升，对相关产品的质量要求变得越来越高。金属制品广泛应用于科技、军事、工业等各个领域，其地位在制造业中十分重要。

金属制品在生产过程中，由于连铸钢坯、控制方法、轧制设备、加工工艺等多方面原因，会造成金属制品表面出现划痕、斑块、裂痕等不同缺陷。金属制品的缺陷需要准确地检测出来，从而杜绝因缺陷而引发的金属制品的质量问题。虽然国内检测技术不断进步，但相比国外仍然不够成熟，不能满足部分情况下特殊检测的要求，这样势必造成国外企业在这一领域上的垄断，对我国相关行业的发展产生不利影响。因此，在缺陷检测方面的研究必须予以重视，加大资金投入，培养相关技术人才，建立良好的研究条件，从而研制出国产高性能的金属制品表面缺陷检测系统，打破欧美相关行业的垄断地位，降低检测成本，提高金属制造行业的收益，促使相关企业向高精尖模式的方向发展。

### 6.1.2　金属缺陷检测技术的发展及研究现状

1. 传统的检测方法

金属制品缺陷机器视觉检测方法出现之前，按技术发展的时间顺序有以下几类金属缺陷检测方法。

(1)人工目测检测法

人工目测检测法是检测金属制品表面缺陷的最为传统的检测方法,因为制造技术的限制,金属产量不高,且对质量要求也不高,这种检测方法一直运用至20世纪末。由于生产技术的进步,金属制品的产量极大提升,人的肉眼已经无法检测大量的金属制品,故这种方法逐渐被淘汰。

(2)涡流检测技术

从20世纪中叶开始,涡流检测技术就被运用于检测静态金属表面的缺陷,到了70年代,技术先进的国家开始使用频闪技术检测金属制品表面缺陷。涡流检测技术是一种无损检测方法,其基本原理是电磁感应,即涡流中通过的电流让线圈产生磁场。当金属制品通过磁场时,磁场强度因此会发生变化,金属制品表面会产生电流,由于金属制品的表面缺陷类型不同,电导率因此也不同,从而感应电流强度也不同,根据电流的强度可以判断金属制品的缺陷类型。

(3)漏磁检测技术

对于磁性金属而言,由于磁导率高,并且对磁场敏感,用漏磁检测技术检测其缺陷非常合适。1993年,日本川崎千叶制铁所研发出了一种检测器,专门用于检测金属制品中的杂质,与此同时,另外一家日本公司NNK发明了一种高灵敏度磁传感器。漏磁检测技术,有着优于涡流检测技术的特性,对于厚金属内部缺陷的检测,表现也更好。然而磁漏检测也有不足之处,该技术仅对磁性金属检测有效。

2. 机器视觉检测法

机器视觉检测是种符合现代工业思想的无损检测技术。跟其他的检测技术相比较,机器视觉检测技术拥有不接触、无污染、易操作等优点。机器视觉技术在金属制品领域不断地应用,充分检验了其检测金属缺陷的有效性。

机器视觉检测方法起源于20世纪50年代,当时用于工业生产检测缺陷。进入21世纪以来,这项技术已经比较成熟,且广泛并深入地运用于检测金属表面的缺陷。在金属缺陷的视觉检测方面,众多高科技公司研发出相关技术产品,美国西屋电气公司采用线阵CCD(charge coupled device)器件来检测金属制品的表面缺陷，CCD 又称电荷耦合元件，它将光信号转换为电信号，常用于工业图像采集。该方法用于检测的大致步骤：先使用 CCD 相机对样本进行图像采集，再对采集的图像运用图像处理、特征提取等方法对缺陷进行检测与识别。机器视觉检测金属表面缺陷是当今社会工业生产的普遍需求，得到了广泛的应用。

## 6.2　金属缺陷图像的去噪和 Gabor 滤波

金属缺陷图像质量的高低与图像的特征提取，以及分类准确率在很大程度上是正相关，而噪声会降低图像的质量，所以去噪工作的预处理很有必要。通过去除图像噪声，不仅能精细化图像中的目标，还能够提高特征提取数据的可靠性和分类器的分类精度。

### 6.2.1　金属缺陷类型

金属制品由于生产、运输、储存等诸多因素的影响（比如制造技术及工艺、运输储存条件等不稳定的因素），使得金属制品表面产生不同类型的缺陷，如裂纹、斑块、杂质、划痕等。图 6.1 至图 6.4 是金属制品的缺陷图片范例，下面对这常见的四类缺陷的形状特点与形成原因进行简要的介绍。

图 6.1 为裂纹缺陷，它的主要特征为：金属表面呈现不同形状，不同深浅，方向任意的破裂。产生的原因有：锭坯有皮下气泡、皮下裂纹、非金属夹杂物；经轧制破裂或暴露；锭坯原有裂纹、发纹轧后残留在金属制品表面上；加热速度过快或轧件冷却速度过快，产生较大热应力或组织应力，金属制品塑性变差，产生裂纹。

图 6.2 为斑块（油斑）缺陷，它的主要特征为：金属制品表面不同程度的油斑污染，其高度一般不太明显。斑块产生的原因：在给金属材料上色的过程中，因为金属制品不同部位物理性质的差异，使得上色程度不一样；在给金属制品上色之后，部分区域本不用上色但是未来得及处理造成斑块；金属涂料使用了非常缓慢蒸发的稀释剂，或者太多的稀释剂。从而使得金属上色不均匀产生了斑块。

图 6.1　金属裂纹图

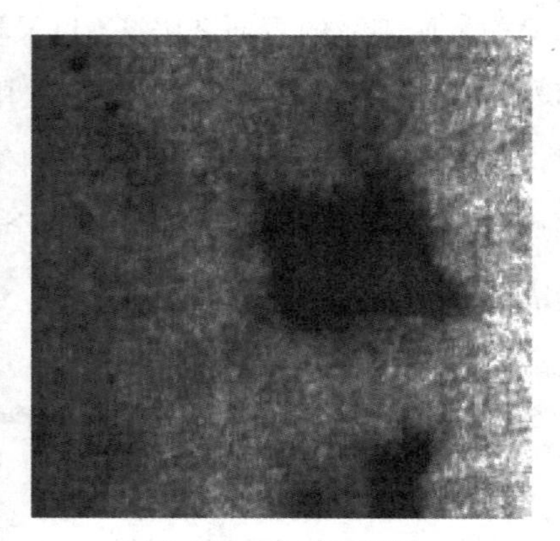

图 6.2　金属斑块图

图 6.3 为杂质缺陷，缺陷的主要特征为：一般呈点状、条状或块状分布，不易剥落，有一定的深度。原因：连铸坯表面带有非金属夹杂物；在加热过程中，耐煤灰、煤渣等杂物嵌在金属上；在轧制过程中，夹杂被压在金属表面。

图 6.4 为划痕，缺陷的主要特征为：在伤口处呈现金属光泽或黄锈。产生原因是金属制品在输送过程中与有尖锐毛刺的硬物接触，或有尖锐毛刺硬物在金属制品表面划过。

图 6.3　金属杂质图

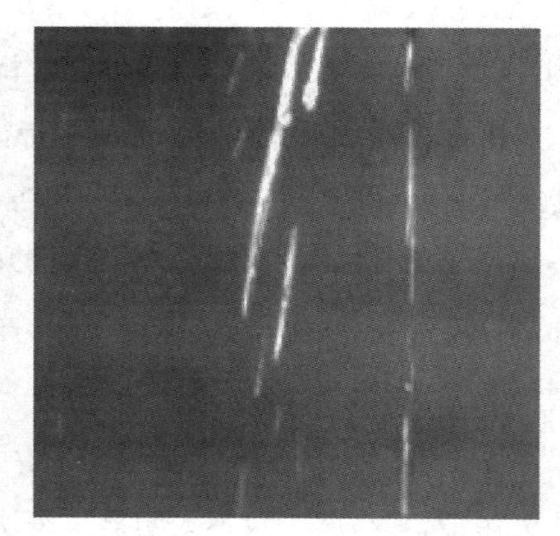

图 6.4　金属划痕图

1. 噪声类型

1）高斯噪声

高斯噪声是一种类似服从正态分布的图像噪声，是一种常见的图像噪声，表达式如下：

$$p(z)=\frac{1}{\sqrt{2\pi}\sigma}\exp^{\frac{-(z-\mu)^2}{2\sigma^2}} \tag{6.1}$$

式(6.1)中，$z$ 为灰度，$\mu$ 为灰度平均值，$\sigma$ 是标准差。高斯噪声一般在图像采集的时候产生，主要由高温或不稳定光照所导致。高斯噪声的幅度取决于标准差 $\sigma$，$\sigma$ 越大，噪声幅度越大。

2) 椒盐噪声

椒盐噪声也是一种很常见的图像噪声，它所呈现的是随机出现的白点或者黑点，是由图像传感器、传输信道、解码处理等产生的黑白相间的亮点、暗点噪声。其概率密度函数如下：

$$P(x)=\begin{cases}P_a & x=a\\ P_b & x=b\\ 0 & \text{others}\end{cases} \tag{6.2}$$

若 $b>a$，则一个白点的灰度值 $b$ 出现在图像；反之，则一个黑点的灰度值 $a$ 出现在图像上。当 $P_a=0$ 或者 $P_b=0$ 时，脉冲噪声变为单级脉冲；若 $P_a\neq 0$ 且 $P_b\neq 0$ 时，且 $P_a$ 大致地等于 $P_b$ 时，图像看起来很像撒上胡椒和盐一样的黑白颗粒。

3) 泊松噪声

该种噪声的出现主要是由于电磁波的统计特性，比如 X 射线，可见光和 γ 射线。X射线和 γ 射线源会发射出许多光子，这些光子能通过目标对象，并由 X 射线和 γ 射线成像系统所感知。这些拥有光子随机波动的源，最终可以造成图像空间和时间域上噪声的随机性。所以，该噪声也可以称作量子噪声。其概率密度函数为：

$$P(x)=\frac{\lambda^x e^{-\lambda}}{x!},\lambda>0 \tag{6.3}$$

4) 均匀噪声

均匀噪声是指在某一区域内较均匀分布的噪声。其概率密度函数为：

$$P(x)=\begin{cases}\frac{1}{b-a} & a\leqslant x\leqslant b\\ 0 & \text{others}\end{cases} \tag{6.4}$$

斑点噪声是均匀噪声的代表，也是十分常见的图像噪声之一，能够影响图像目标的分辨。

2. 去噪方法

1）空域法

空域滤波是直接在像素上处理图像。例如邻域平均法、中值滤波等都是空域去噪的代表方法。均值滤波是线性滤波方法中的一种，它的大概原理是：给定一个邻域（一般是方形），然后对包含在该邻域中的全部样本点，计算它们的像素平均值，然后将这个新值赋值给邻域中心点。用数学的方式进行表述，也就是说以图像某个像素点 $g(x,y)$ 为中心，并给定一个大小 $M \times M$ 的模板。模板中每个位置对应一个权值 $\omega(s,t)$，即为模板第 $s$ 行第 $t$ 列的权值，整个模板权值之和如下：

$$\Omega = \sum_{s=1,t=1}^{M,M} \omega(s,t) \tag{6.5}$$

计算模板包含的全部像素点、像素值的平均值，再把该计算结果作为邻域的中心点 $(x,y)$ 的像素值，因此，中心点 $(x,y)$ 的像素值 $g(x,y)$ 经过均值滤波处理后，它的数值公式如下：

$$\frac{1}{\Omega}\sum_{s=-a}^{-a}\sum_{t=-b}^{-b}\omega(s,t)f(x-s,y-t) \tag{6.6}$$

$a,b$ 为小于等于 $M/2$ 的最大整数，滤波结果的平滑程度与模板的尺寸大小 $M \times M$ 正相关，当模板尺寸值 $M$ 越大，那么滤波之后的结果越平滑，但是图像也就会变得越模糊。根据实际经验效果，模板一般选择 $3 \times 3$ 即可满足实际要求。当然也可以使用带有权值的模板来达到相对理想的去噪效果。通常，靠近边界点的权重值都比较小，而靠近中心点的数值比较大，即中心点的像素值影响较大，边界点的像素值影响较小。可以根据滤波的需求适当调整权值大小，进而取得合适的去噪效果。

2）中值滤波模板

中值滤波法是一种非线性平滑方法，与空域的均值滤波相比不会过于弱化边界，还能抑制相对突兀的噪声点，尤其是椒盐噪声。中值滤波也是采用模板的方式进行滤波平滑，其基本操作是用模板所包含的全部像素值的中位数，赋值给中心点。其表达式为：

$$g(x,y)=\text{med}\{f(x',y')\} \tag{6.7}$$

式(6.7)中，$x'\in[x-m+1,x+m-1]$，$y'\in[x-n+1,x+n-1]$；$m$ 与 $n$ 为选定模板的大小。

如果噪声像素的占比高于模板像素 50% 的比例，那么灰度排序的中位数大概率为噪声像素灰度值，所以滤波结果与原图相比不会有很大的改善，甚至会使得本来没被噪声干扰的目标出现噪声，图像变得模糊。此外，模板大小也与去噪效果密切相关。有学者提出对中值滤波进行自适应优化，即先确定模板中的噪声类型，再采用相应的去噪滤波方法，该方法相比较原始的统计中值滤波器，在还原清晰度和细节方面效果明显。

3) 形态学滤波去噪

在图像处理中，形态学是数学概念，即形态学滤波。形态学滤波功能与空域滤波器类似，也能进行平滑、锐化等操作。基本原理是将结构元素(structure element)作为内核，对内核包含的像素再进行形态学滤波。

形态学滤波运算膨胀。膨胀就是计算结构元素所包含部分的像素的最大值，让内核中心点的像素值比原先值要大，增加对象的亮度。这种操作使得对象的边缘扩展膨胀，因此这种操作一般填充图像中对象内部的孔洞。膨胀表达式为：

$$A\oplus S: g(x,y)=\max(x',y'):\text{element}(x',y')\neq 0\quad \text{src}(x+x',y+y') \tag{6.8}$$

式 6.8 中，$A$ 表示图像，$S$ 为结构元素腐蚀，与膨胀相反，腐蚀会弱化边缘的细节，从而使图像中的对象呈现收缩的状态。一般腐蚀操作用于消除对象边界细小的毛刺。腐蚀表达式为：

$$A\Theta S: g(x,y)=\min(x',y'):\text{element}(x',y')\neq 0\quad \text{src}(x+x',y+y') \tag{6.9}$$

而更综合的形态学滤波运算如开运算与闭运算，均依据腐蚀和膨胀演变产生。

开运算：对图像先腐蚀后膨胀，其表达式为。

$$A\cdot S=(A\Theta S)\oplus S \tag{6.10}$$

作用:用来除去一些不重要的细节,平滑对象的边缘,而且不影响对象的整体形状。一般用于消除形状小的斑点毛刺,擦除图像对象间的多余细小的连合处。

闭运算:对图像先膨胀后腐蚀,其表达式为

$$A \cdot S = (A \oplus S) \Theta S \tag{6.11}$$

作用:填充对象内部的小孔洞,连接对象间的边缘,平滑对象的边缘,同时不影响对象的整体形状。

## 6.3 金属缺陷的特征提取及降维

特征提取是精简化图像数据信息的过程,而获得的数据信息更容易让计算机处理,并且这些数据信息更有利于金属缺陷的检测分类。金属缺陷图像,不同类型的金属缺陷经过特征提取处理之后,得到简化的缺陷特征数据一般不尽相同,而同类金属缺陷的特征数据一般会有一定的相似度。同时,特征提取的简化数据也是其主要目标之一,简化数据的核心就是:把原图像中,数据量大、无用信息多、维度高的目标对象转化为数据量小、有用信息占比大、数据维度低的精简化特征。从而避免冗余部分降低分类准确率。所以,为了不影响后续金属制品缺陷分类的准确率,在对金属缺陷图像进行一系列预处理去噪和 Gabor 增强缺陷的操作后,需要针对金属制品表面的缺陷选择一种合适的特征提取方法,其中精简化缺陷数据信息尤为重要。而且对于图像中不同类的特征,为了更有效地将它们提取,需要不断地尝试或调整特征提取法的参数量和数值,这一过程为了到达满意的效果难度也不尽相同,因此特别需要进行反复的测试。本节对去噪及 Gabor 滤波后的四种缺陷图像提取最能代表金属表面缺陷的特征,并对提取的特征进行降维简化,尤其本章提出了 disCLBP 与 2DPCA 结合实现这两个操作,最终将特征用于金属缺陷分类。

### 6.3.1 特征类型

图像的特征一般分为灰度特征、纹理特征和几何特征。灰度特征和纹理特征都是全局特征,其描述了对象的表面性质。然而纹理特征只是浅层次特征,很难描述深层整体特征。纹理特征要对区域内多个像素进行统计。

几何特征一般分为两种形式：轮廓特征和区域特征。轮廓特征描述对象的边缘信息，而区域特征则描述对象的形状区域。区域特征中，空间关系是指多目标间的相对位置方向关系。空间位置信息有两类：相对空间位置信息和绝对空间位置信息。前者描述上下左右等关系信息，后者描述目标间的距离及方位信息。

1. 几何特征

几何特征是图像的基本特征，它描述对象的几何形状，表示几何特征的方法有：描述符、形状描述符和不变矩。如区域的面积、边界的周长、区域的重心等性质都属于几何特征的描述符。对目标进行特征提取时，令 $x$、$y$ 分别为区域的横坐标与纵坐标，规定图像区域中所有的集合为 $R$，对应坐标的灰度值为 $f(x,y)$，$R_d$ 为图像中全部缺陷区域的集合，$R_b$ 是缺陷区域边线的集合。

1）缺陷面积 $S$

缺陷面积 $S$ 是指图像中缺陷对象在图像中的面积大小，也可以是缺陷像素的个数。缺陷面积的表达式如下：

$$S=\mathrm{COUNT}(R_d) \tag{6.12}$$

式(6.12)中，COUNT 表示计数函数。

2）缺陷边界周长 $P$

缺陷区域的周长 $P$，就是图像内缺陷对象中包含整个对象的边缘线的总长度，同时也可表示为在这边缘线上包含像素点的总体个数。缺陷边界周长的表达式如下：

$$S=\mathrm{COUNT}(R_b) \tag{6.13}$$

3）区域重心坐标

区域重心坐标$(x_c,y_c)$是在把图像中全部的缺陷部分看做一个整体的几何图形，然后再计算这个几何图形的重心坐标，缺陷区域重心坐标的表达式如下：

$$\begin{cases} x_c=\dfrac{1}{S}\sum\limits_{(x,y)\in R_d} x \\ y_c=\dfrac{1}{S}\sum\limits_{(x,y)\in R_d} y \end{cases} \tag{6.14}$$

2. 灰度特征

图像的灰度特征与图像的直方图有着十分密切的联系。可以将金属制品缺陷图像中的每一个像素点看成一个灰度值随机分布的样本，计算样本的直方图与灰度特征。图像的灰度特征拥有多种类型，例如平均值、方差、歪度、峭度、能量、熵等，灰度特征反映了图像的内部细节。定义 $b$ 为灰度等级有 0 到 255 个灰度级别，$g(i,j)$ 为灰度值，灰度概率 $P(b)=p\{g(i,j)=b\}$。灰度特征具体可分为以下几个类型：

1）灰度平均值

$$\bar{b}=\sum_{b=0}^{L-1} bP(b) \tag{6.15}$$

2）灰度方差

$$v^2=\sum_{b=0}^{L-1}(b-\bar{b})^2 P(b) \tag{6.16}$$

3）歪度

$$H_s=\frac{1}{v^3}\sum_{b=0}^{L-1}(b-\bar{b})^3 P(b) \tag{6.17}$$

4）峭度

$$H_s=\frac{1}{v^3}\sum_{b=0}^{L-1}(b-\bar{b})^3 P(b) \tag{6.18}$$

5）能量

$$H_p=\sum_{b=0}^{L-1} P(b)^2 \tag{6.19}$$

6）熵

$$H_p=\sum_{b=0}^{L-1} P(b)\ln[P(b)] \tag{6.20}$$

7）最大灰度值

$$\mathrm{MAXG}=\max\{f(i,j)\} \tag{6.21}$$

8）最小灰度值

$$\mathrm{MING}=\min\{f(i,j)\} \tag{6.22}$$

9）灰度幅度

$$W=\mathrm{MAXG}-\mathrm{MING} \tag{6.23}$$

2. 纹理特征

纹理特征是典型图像特征之一，它让缺陷特征更明显，下面用数学公式表示纹理特征。灰度共生矩阵表示一定间隔、不同角度的像素值的状态。对于图像 $f(x,y)$，其表达式为：

$$P_d(i,j)=\{[(x,y),(x+\Delta x,y+\Delta y)]\in S \mid f(x+\Delta x,y+\Delta y)=j\} \tag{6.24}$$

式(6.24)中，$x,y$ 为缺陷的位置坐标；$S$ 是金属缺陷的某一区域具有位置和方向相关性的像素集合；$i,j$ 分别为在像素点 $f(x,y)$ 和 $(x+\Delta x,y+\Delta y)$ 的灰度值。下面开始对图像的一些纹理特征进行详细介绍。

1) 能量

能量特征参数(二阶矩)，即灰度共生矩阵元素($P$)的平方和。它表示灰度分布均匀度和纹理细腻度。计算能量的表达式如下：

$$f_1=\sum_{i,j}p^2 \tag{6.25}$$

2) 对比度

对比度代表着金属缺陷的辨识度与缺陷痕迹的深浅程度。当对比度变大时，缺陷痕迹变深，呈现的效果越明显；当对比度变小时，缺陷痕迹变浅，呈现的效果模糊。对比度的计算表达式如下：

$$f_3=\frac{\sum_{i,j}(i-\mu_x)(i-\mu_y)p}{\sigma_x\sigma_y} \tag{6.26}$$

3) 相关性

相关性可比较灰度共生矩阵行列元素的相似度。当元素值相近时，相关性越大；反之，相关性越小。其公式如下：

$$f_1=\sum_{i,j}(i-j)^2p \tag{6.27}$$

其中 $\mu_x=\sum_i i\sum_j p$，$\mu_y=\sum_i i\sum_j p$，$\sigma_x=\sum_i(i-\mu_x)^2\sum_j p$，$\sigma_y=\sum_i(i-\mu_y)^2\sum_j p$。

4) 逆矩差

逆矩差可判断纹理局部变化情况。逆矩差大时，表示纹理局部很均匀。其公式如下：

$$f_4=\sum_{i,j}\frac{1}{1+|i-j|}p \tag{6.28}$$

5）纹理二阶矩

$$W_M=\sum_{g_1}\sum_{g_1}p^2(g_1,g_2) \tag{6.29}$$

式(6.29)中，$W_M$描述了金属制品表面缺陷的平滑性或者均匀性，只有全部的$p(g_1,g_2)$的数值相时同，$W_M$即为最小值。而纹理熵则为：

$$W_E=-\sum_{g_1}\sum_{g_1}p(g_1,g_2)\lg p(g_1,g_2) \tag{6.30}$$

式(6.30)中$W_E$为金属制品表面缺陷图像中灰度值随机分布率，$W_M$为最小值时，$W_E$即为最大值。

6）纹理对比度

$$W_c=\sum_{g_1}\sum_{g_1}|g_1-g_2|p(g_1,g_2) \tag{6.31}$$

式(6.31)中$W_C$为缺陷区域中所有像素点灰度值差的对比度，并且$p(g_1,g_2)$较大的元素值处于矩阵的对角线时，$W_C$也会变大，即金属缺陷区域里相邻像素点之间的灰度值相差较大。

7）纹理均衡性

$$W_H=\sum_{g_1}\sum_{g_1}\frac{p(g_1,g_2)}{k+|g_1-g_2|} \tag{6.32}$$

式(6.32)中$W_H$可以看作$W_C$的倒数，分母中使用$k$，这样做以防出现$|g_1-g_2|=0$的情况，使得算式有意义，而且$k$要取合适范围的值，否则$W_H$大小会出现跳动。

### 6.3.2 金属缺陷的特征提取

在图像特征提取的过程中，可能会因为出现角度、光照等诸多客观因素的干扰，导致同类型金属缺陷分类识别结果准确度不同的情况出现。因此如何提高特征提取方法的鲁棒性和适应性，成为金属缺陷分类识别问题中一个艰巨而紧迫的任务。对象特征表示的方法一般采用的是两类常用的方法：第一类是基于全局特征子空间分析的方法；第二类是局部特征表示的方法。通常采用第二类方法，因为对光照、角度的稳定性好。

本小节先介绍 LBP 的基本原理，并指出 LBP 方法的不足之处，再介绍完全局部二值模式(CLBP)、判别性原则和判别式完全局部二值模式(disCLBP)，最后阐述此类方法如何改进传统的 LBP 的不足之处。针对各类 LBP 特征提取后特征向量维数太大的问题，本章节先介绍主成分分析 PCA 其数据降维的原理，再介绍 PCA 的缺点，最后介绍二维主成分分析法(2DPCA)的改进。将 LBP、CLBP、disCLBP 特征提取法与 PCA、2DPCA 降维法进行结合，来进行金属缺陷分类的比较试验，通过分析总结，证明改进方法的有效性。

1. LBP 算子和 CLBP

其他的特征提取法如 SIFT(尺度不变特征变换)、HOG(方向梯度直方图)等有着尺度不变性的特点，但是计算算子的时候要使用到高斯差分，这样增加了算法的复杂度，很难满足金属缺陷识别分类实时性的需求，而且对缺陷检测的鲁棒性表现一般，所以本章不采用该方法进行金属表面缺陷分类。SURF 特征(加速稳健特征)是基于对 SIFT 方法优化的特征提取法，也拥有尺度不变性的特点，同时计算复杂程度有所优化，但是仍然不能满足金属缺陷检测实时性要求，并且特征分类准确率表现不够稳定，不太适用于金属缺陷分类。灰度共生矩阵的鲁棒性和适应性较好。然而当样本图像的尺寸太大时，计算量也会随之变大，因此该方法的灵活性不太好。

传统的局部二值模式 LBP 特征提取法有着计算量小、实时性高的优点，因此广泛地应用于工业图像的特征提取。传统的 LBP 算法是基于方形域，将区域灰度跟中心灰度比较，若大于中心灰度，邻域像素置 1，反之，置 0。再把邻域元素从左上角顺时针排列得到二进制序列，就是区域的特征。这样对图像循环操作，获得全部序列为图像的 LBP 特征。但方形域缺点是没有旋转不变性和灰度不变性。

为了弥补方形域的缺点，也就是使得缺陷面对旋转变化与光照变化的干扰时，分类识别仍保持相对精确稳定。所以，提出改进的 LBP，可以解决在识别过程中面临的旋转与光线变换导致的识别不精准问题。旋转不变性是指对于同类型的缺陷，即便拍摄方向不同，仍不影响特征提取效果；而灰度不变性是指同类缺陷，不同光强场合，提取特征效果不受影响。下面介绍圆域 LBP。

圆域 LBP 采用圆域，且半径可变，也可设置圆域边缘的点的个数，图 6.5 为不同半径与边缘点个数的圆域：

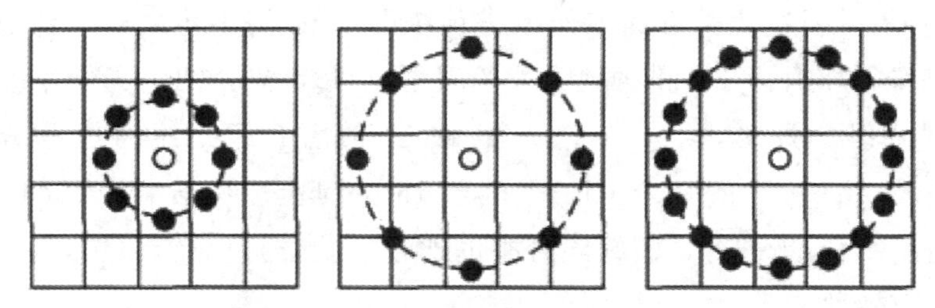

**图 6.5　不同半径和边缘点个数的圆域**

旋转特征 LBP 如式(6.33)所示：

$$\mathrm{LBP}_{P,R}^{\mathrm{riu}^2}\begin{cases}\sum_{p=0}^{P-1} s(g_p - g_c), & U(\mathrm{LBP}_{P,R}) \leqslant 2 \\ P+1, & \text{others}\end{cases} \tag{6.33}$$

其中，$U(\mathrm{LBP}_{P,R})$ 表示 0 到 1 的变化次数。上标 $\mathrm{riu}^2$ 表示 LBP 是旋转不变一致模式，$g_c$ 为中心位置的灰度值；$g_p$ 则是以圆点 $g_c$、半径为 $R$ 的区域内像素的灰度值。旋转不变一致模式 LBP 特征提取方式如图 6.6 所示。

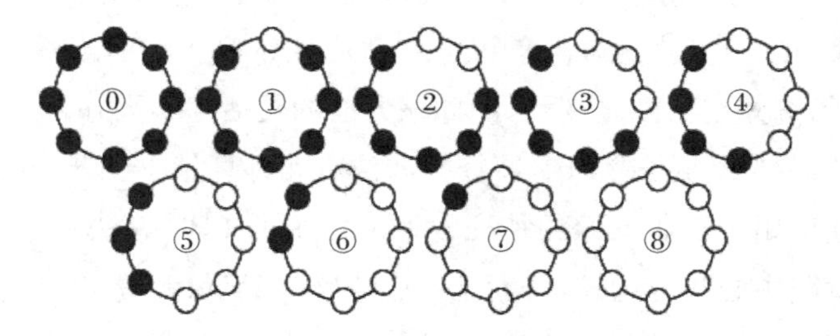


**图 6.6　旋转不变一致模式 LBP 特征提取方式**

对于给定中心点$(x_c, y_c)$，其邻域像素的位置$(x_p, y_p)$可由式(6.34)得到。

$$\begin{cases} x_p = x_c + R \times \cos\left(\frac{2\pi p}{P}\right) \\ y_p = y_c + R \times \sin\left(\frac{2\pi p}{P}\right) \end{cases} \tag{6.34}$$

其中，$R$ 表示采样半径，$p$ 为第 $P$ 个样本点，$P$ 则为样本点数量。然而很可能出现$(x_p, y_p)$结果是小数的情况，不能直接将灰度值赋值给该点。对于小数值坐标$(x_p, y_p)$的灰度值取值问题，需要使用双线性插值算法来估算该坐标的灰度值，双线性插值公式如下所示：

$$f(x,y) \approx \begin{bmatrix} 1-x & x \end{bmatrix} \begin{bmatrix} f(0,0) & f(0,1) \\ f(1,0) & f(1,1) \end{bmatrix} \begin{bmatrix} 1-y \\ y \end{bmatrix} \tag{6.35}$$

式(6.35)中，$f(x,y)$是估算样本点的灰度值，$f(0,0)$、$f(0,1)$、$f(1,0)$、$f(1,1)$分别为在样本区域内与中心像素点最近的 4 个像素点的灰度值。然后求解该特征的统计直方图。设$H_{i,j}$为缺陷图像，并将图像拆分为多个子区域块。该图像的直方图表达式如下：

$$H_{i,j} = \sum_{x,y} I\{h(x,y)=i\} I\{(x,y) \in R_j\} \tag{6.36}$$

其中，$i=0,1,\cdots,d-1$。LBP 根据直方图统计特征信息，并且把样本区域给分成多个子块，这样简化了计算量，分别统计各子块的直方图信息。

上述提到的圆形域 LBP 算法并未考虑中心像素和邻域像素之间亮度和振幅的差异，因此 Guo 提出了一个完全局部二值模式 CLBP 算子。该算子有三种不同的描述符：中心描述符(CLBPcenter，CLBPC)、符号描述符(CLBPsign，CLBPS)和幅度描述符(CLBPmagnificate，CLBPM)。

中心像素的灰度值与相邻区域的灰度值之差表示为$d_p = s_p \times m_p$，$s_p$是$d_p$的符号，$m_p$是$d_p$的幅度值。其中$s_p$是描述符 CLBPS 的编码规则：如果$s_p \geqslant 0$，那么 CLBPS 为 1；否则，为$-1$。其余两个描述符 CLBPM、CLBPC 计算如下：

$$\mathrm{CLBPM}_{P,R} = \sum_{p=0}^{p-1} s(m_p, c) 2^P \tag{6.37}$$

$$\mathrm{CLBPC}_{P,R} = s(g_p, c) \tag{6.38}$$

$$s(a,c) = \begin{cases} 1, a \geqslant c \\ 0, a < c \end{cases} \tag{6.39}$$

式(6.37)至(6.39)中，$c$是局部斑块中$m_p$的平均值。

2. 判别性模式和 disCLBP

CLBP 算子提取的特征信息更全面，但特征维数也有所增加，这带来了更多的时间消耗。为了降低 LBP(及其扩展方法)算子的维数和选择更健壮的特征，采用了基于所有 LBP 模型的局部全局训练策略，称之为 disCLBP。

通过考虑最小类内距离和最大类间距离的方法，选择分类能力强的特征。为了提取深度图像的鉴别特征，保证时间效率，采用 disCLBP 算法作为特征提取方法。介绍 disCLBP 前，在此先介绍判别模式。

1）建立判别性模式的目的

CLBP 与 LBP 方法相比，能够获得更完整的特征表现形式，CLBP 方法相对而言更详细，导致提取特征的维度会变大。一般情况下，高维的特征量有相当多余的一些数据降低了分类效率，还可能会降低后续分类准确率，并且给后来的计算带来巨大的时间消耗。要解决这类问题，通常采用将得到的模式子集进行降维的方法，模式子集是通过对数据集样本的自适应训练而获得的。基于这样的理论设定，Guo 等提出了基于判别性原理的特征训练模型法，训练出样本数据相对准确的主要特征；该模型是带标签的训练模型，并且包含三层结构。同时判别性训练模型的三层结构分别具有三个特点：特征鲁棒性、区分能力和表示能力。

2）建立训练模型

假设训练总共的图像集 $x_1,x_2,\cdots,x_m$ 有 $C$ 个种类，同时第 $c$ 类的图像数量为$n_c$，令 $f_i$ 为图像$i$ 的 LBP 或 CLBP 原始直方图。设 $p$ 表示有效的原始模式（LBP 或 CLBP）类型的总数，$f_{i,j}$ 为图像$x_j$ 的模式类型$j$ 的出现次数。我们定义了每个图像的一组新的主要模式集。

定义：图像的主要模式集是指包含图像所有模式中占比大于等于$n(0<n<1)$ 的最小模式类型集。对于图像集合 $x_i(1,\cdots,m)$，其主要模式集 $J_i$ 则为：

$$J_i = \underset{|J_i|}{\operatorname{argmin}} \left[ \frac{\sum_{j \in J_i} f_{i,j}}{\sum_{k=1}^{p} f_{i,j}} \geqslant n, \quad J_i(1,2,\cdots,p) \right] \tag{6.40}$$

式(6.40) 中，$|J_i|$ 是集合 $J_i$ 中的所有单位的数量，$p$ 是原始模式类型的总数，$f_{i,j}$ 是图像 $i$ 的第 $j$ 种模式类型的特征值。

为了构造一个有鉴别力和鲁棒性的模式集，学习模型包含了三层特性，即特征鲁棒性、区分能力和表示能力，如图 6.7 所示。

第 1 层，特征鲁棒性：特征鲁棒性与纹理图像的模式相关。模式能表达

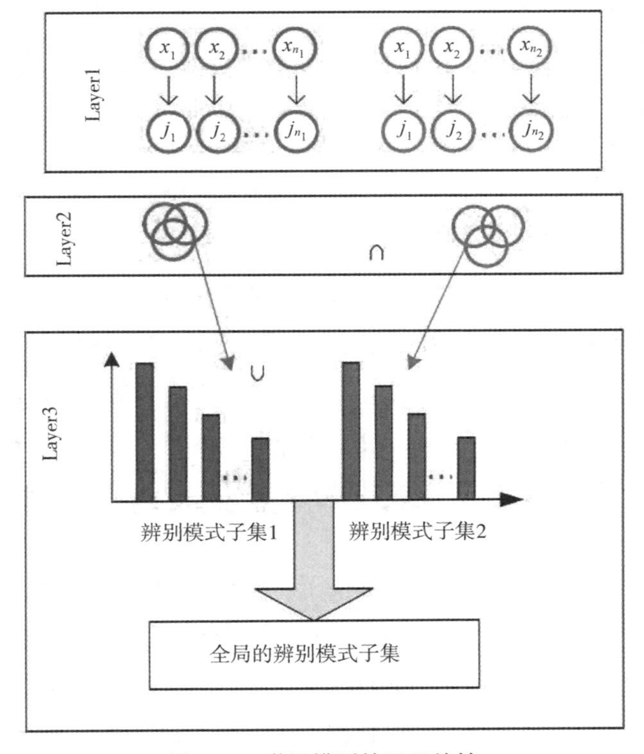


**图 6.7　学习模型的三层特性**

纹理结构。如果有噪声存在，纹理表达不清晰，使得模式直方图稀疏。为了保证特征向量的鲁棒性，我们首先学习每个训练图像的模式子集，该子集由最主要的(即最频繁出现的) 模式组成。

第 2 层，区分能力：在理想情况下，相同类型的缺陷图像理论上包含在同类型的主要模式子集中。同一类缺陷，由于照明变化和噪声等干扰因素的影响，也会出现主要模式判别失真的现象。为了识别属于同一类的缺陷图像而不产生歧义，对于每一类缺陷，我们选择占所有图像比例最大的主要模式类型来抵消单个图像中的异常模式。也就是说，我们在属于同一类的所有训练图像上取主要模式集的交集。因此，就构造了区分主要式集 $JC_c(c = 1,\cdots,C)$ 表示每个类。

第 3 层，表示能力：该层是对上一层工作进行整合。模式集 $JC_c$ 表示每个类的主要模式。然而，单个 $JC_c$ 不能很好地描述整个数据集的结构。因此,我们取所有模式集 $JC_c(c=1,\cdots,C)$ 的并集覆盖所有类的信息,表示为 $J_{\text{global}}$。该步骤由图1中的层3表示。$J_{\text{global}}$ 中模式类型的直方图将作为表示训练集和测试集图像的特征。第二层和第三层都使用了Fisher判别准则。对于两类分类问题,Fisher判别准则可以用以下公式表示:

$$f=\frac{|m_1-m_2|}{\sqrt{\sigma_1^2+\sigma_2^2}} \tag{6.41}$$

式(6.41)中,$m_1$ 和 $m_2$ 表示两类的投影平均特征向量的值。$\sigma_1^2$ 和 $\sigma_2^2$ 为投影特征向量的方差。FSC遵循着最大化类间距离的原理,而且还要保证类内方差的最小化。显然,在第二层中,该方法遵循类内方差最小化原则,通过取同一类缺陷的主要模式集的交集来学习每一类中最具区分能力的主要模式集。另一方面,第三层采用类间距离最大化原则,将各类的主要模式集合并,以覆盖所有类的区别信息。与CLBP相比,这种三层表示从特征鲁棒性、区分能力和表示能力的角度,提供了一个统一的框架来阐述所提出方法的特性。并通过分类实验,以更系统的方式对分类性能进行广泛的评估。

与上述提到的方法CLBP不同,在判别性模式中,只考虑模式出现,特征的每个维度对应一个不同的模式类型,$J_{\text{global}}$ 将模式类型与模式出现一起编码,特征的每个维度对应一个固定的模式类型。此外,CLBP算法在不考虑特定类别信息的情况下,对所有训练图像进行全局训练,从而获得主要模式。因此,CLBP缺乏在第二层和第三层学习模型中所考虑的区分能力和表示能力。这种有监督的学习模型可以被认为是广义的,因为它可以与不同的CLBP变量结合,提供有效的原始模式集。

3) 算法步骤

对于每种不同类型的缺陷,它们之间会有相同的特征,这样必然会对缺陷的分类造成干扰。这时候判别性原理起到了排除相同特征,保留各类缺陷自己不同特性的作用,这样不同缺陷特性经过判别性模式,差异明显,从而分类准确率变高。具体步骤如下:

(1) 计算每个训练图像 $xi$ 的原始模式集的直方图 $f_i$,以及相关系数 $n$,而且还要计算每个训练图像中包含于主要模式的百分比。并且还需要获得图像的CLBP特征,对提取出的CLBP特征集 $\{f_{i,j}\mid i=1,2,\cdots,6;i=1,2,\cdots,n_i\}$

进行筛选，第一步初始化样本数据，得到模式类型 $V_{i,j}=(0,1,\cdots,p-1)$。其中 $p$ 为特征集 $f_{i,j}$ 的特征维数，向量 $V_{i,j}$ 为 $f_{i,j}$ 的对应的特征模块。

根据 Fisher 准则。先对 CLBP 按特征值由大到小排序得到 $f_{i,j}$，和对应的 $V_{i,j}$。再选择出特征向量 $f_{i,j}$ 中特征值和占所有特征值总和百分比大于规定比例 $n$ 的向量：

$$\arg\min^{J=1}\left(\frac{\sum_{j\in J_i} f_{i,j}}{\sum_{k=1}^{p} f_{i,j}}\right)\geqslant n, J_i\subseteq(1,2,\cdots,p) \tag{6.42}$$

式(6.42) 中，$q$ 表示筛选出的特征向量有 $q$ 个。这 $q$ 个特征就是能够代表该样本块的 CLBP 的主要特征，其对应的 $q$ 个特征类型为：$J_{i,j}=[V_{i,j}[1],\cdots,V_{i,j}[q]]$，$J_{i,j}$ 为对应图像的主要模式集。

(2) 这一步需要筛选每类的 CLBP 特征，来估计每一类主要模式集的区分主要模式集。也就是对上步中获得的相同类型缺陷特征的主要模式集合取交集 $JC_j=\bigcap_{j=1}^{n_j} J_{i,j}$，$JC_j$ 为第 $j$ 来的区分主要模式集。如果轮到判定第 $d$ 类缺陷时，那么把剩下的缺陷类型数据作为负样本，然后再把负样本的特征类型取交集，即为负样本的特征集合 $JN_j=\bigcap_{j=1}^{n_j} J_{i,j}$。

(3) 从步骤(2) 获得每类的区分主要模式集 $JC_j$，并且得到判别 $d$ 类缺陷的特征集合 $J_{\text{global}}=JC_i\cup JN_j$。即为全局主要模式集 $J_{\text{global}}$。

以下是算法具体过程：基于 Fisher 准则改进的 disCLBP 特征筛选。输入：所有样本 $k$ 区域 CLBP 特征 $\{f_{i,j}\mid i=1,2,\cdots,6;i=1,2,\cdots,n_i\}$；$f_{i,j}$ 维数 $p$；阈值 $\zeta\in[0,1]$；识别 $d$ 类缺陷；输出：判别 $d$ 类缺陷时样本 $k$ 区域对应的特征 $J_{\text{global}}$。具体步骤如下：

① 初始化 $V_{i,j}=(0,1,\cdots,p-1)$。

② 基于 Fisher 准则筛选每个样本的主要特征类型：将 $f_{i,j}$ 由大到小排序得到 $f_{i,j}$，并得到对应的 $V_{i,j}$；用公式(3.31) 对每个样本筛选出主要特征；及每类主要特征 $J_{i,j}$。

③ 得到每类的共有特征类型 $JC_j=\bigcap_{j=1}^{n_j} J_{i,j}$，和非 $d$ 类的特征交集 $JN_j=\bigcap_{j\neq d}^{n_j} J_{i,j}$；

④ 得到区分 $d$ 类的全局特征：$J_{\text{global}} = JC_i \cup JN_j$。

在本章中，介绍了有关如何导出 disCLBP 的详细过程，我们基于原始的 CLBP 的描述子（这两种描述子是 LBP 的优化结果）使用所提出的方法导出了新的图像描述子。由此产生新的图像描述符子称为判别式完全局部二值模式。它结合了传统 LBP 的 sign magnitude 变换的幅度分量和中心像素强度。为了将学习模型与 CLBP 相结合，我们选择旋转不变的模式作为符号和幅度分量的原始模式集。旋转不变性符号分量与传统的旋转不变性 LBP 完全相同。利用以上三步的算法可以得到符号分量和幅度分量的全局优势模式集 $JS_{\text{global}}$ 和 $JM_{\text{global}}$。它们的模式直方图被连接起来作为最终的 disCLBP 特征。

## 6.4 PSO-LSSVM 的缺陷分类方法及优化

在第 6.3 小节中，借助 disCLBP 和 2DPCA 对金属缺陷图像进行了特征提取和特征降维。在此将上一节的实验结果都用于本章的缺陷识别分类实验之中。本节重点是选择合适的分类方法，以及选择合适的优化方法优化分类方法，最后进行金属缺陷分类识别。识别分类的金属制品的缺陷主要有 4 类，分别是裂纹、斑块、杂质、划痕。在完成了缺陷分类之后，从各个方面进行比较并得出合适的分类法。针对本实验对象金属缺陷而言，确定哪种分类处理方法更优。由于金属缺陷类型较多，因此有可能出现误判漏判的情况。而且同一种类的缺陷，也可能出现不同的分类判别结果。同时，缺陷本身也可能存在很多种不同的表现形式，即不同类的缺陷，因某种原因从外形上差别十分的细微，从而导致分类效果不是很明显。而在实际的生产过程中，金属缺陷出现的概率几乎是远低于正常金属品出现的概率，所以金属缺陷样本数量不多。而且多种金属缺陷的出现，又会使得每种金属缺陷的样本数量相对减少，这样是非常不利于分类方法对缺陷特征的学习，从而达不到满意的分类效果，这也成为亟待解决的问题。而比较流行的深度学习（如 CNN、DNN）需要大量的数据集训练，才能具备较高的分类准确率。本章提出基于 PSO-LSSVM 的金属缺陷分类方法，该方法在训练集较少的情况下，仍然可以训练出分类准确率相对较高的模型，且算法的复杂度与数据维度相关度不高，基于此，本章采用 PSO-LSSVM 分类法，并使用了一系列优化 PSO 法，最终实现对金属缺陷进行分类。

### 6.4.1　SVM

支持向量机（SVM）是 Vapnik 等人于 1995 年提出的一种新的机器学习方法，在许多领域得到了很好的应用。SVM 是一类按监督学习（supervised learning）方式对数据进行二元分类的广义线性分类器（generalized linear classifier），其决策边界是对学习样本求解的最大边距超平面（maximum-margin hyperplane）。在图像识别、文本分类等模式识别（pattern recognition）问题中应用广泛。

在分类中输入数据和学习目标：$X=\{X_1,X_2,\cdots,X_N\}$，$Y=\{Y_1,Y_2,\cdots,Y_N\}$，其中输入数据的每个样本都包含多个特征并由此构成特征空间（feature space），而学习目标为二元变量 $y\in\{-1,1\}$。表示负类（negative class）和正类（positive class）。因此需要在特征空间构造决策边界（decision boundary）的超平面，能把样本数据分割为正类与负类，而且要满足所有样本点与超平面的距离不小于 1 的条件。图 6.8 为超平面的构造。

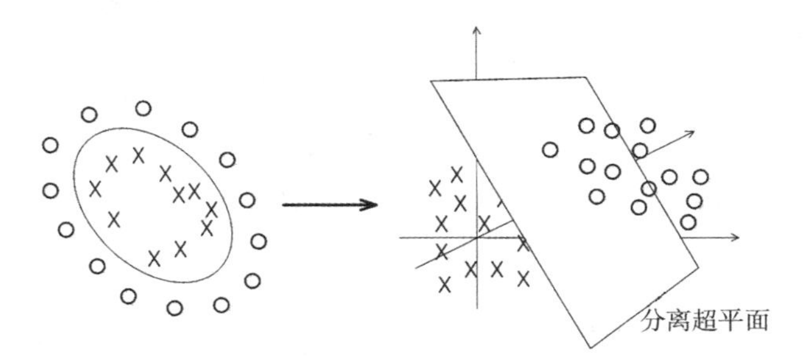


**图 6.8　SVM 超平面构造**

即表达式为 $\omega^T X+b=0$ 并且 $y_i(\omega^T X+b)\geqslant 1$。如果待解函数满足线性可分的条件，那么函数的最值问题简化成对变量 $\omega$ 和 $b$ 求最优值的问题：

$$\begin{aligned}&\min \frac{1}{2}\|\omega\|^2\\&s.t\quad y_i(\omega^T+b)\geqslant 1, i=1,2,\cdots,n\end{aligned}\tag{6.43}$$

式（6.43）最优解为 Lagrange 函数 $L(\omega,b,a)=\frac{1}{2}\|\omega\|^2-\sum_{i=1}^{n}\alpha_i(y_i(\omega^T x_i+b)-1)$ 的鞍点，$\alpha\geqslant 0$ 为 Lagrange 乘子。由于在鞍点处的 $\omega$ 和 $b$ 的梯度为零，因此：

$$\begin{cases}\dfrac{\partial L}{\partial \omega}=\omega-\sum_{i=1}^{n}\alpha_i y_i x_i=0\rightarrow \omega=\sum_{i=1}^{n}\alpha_i y_i x_i \\ \dfrac{\partial L}{\partial b}=\sum_{i=1}^{n}\alpha_i y_i=0\rightarrow \sum_{i=1}^{n}\alpha_i y_i=0\end{cases} \tag{6.44}$$

同时最优解要满足 KKT(karush-kuhn-tucker) 条件：

$$\alpha_i(y_i(\omega^T x_i+b)-1)=0,\forall i \tag{6.45}$$

根据上式可知，如果 SVM 的系数 $\alpha_i$，不为零，$\omega$ 就可以表示为：

$$\omega=\sum_{i=1}^{n}\alpha_i y_i x_i \tag{6.46}$$

将式(6.44) 和(6.45) 代入式(6.43)，公式就简化为：

$$\begin{cases}\max L(\alpha)=\sum_{i=1}^{n}\alpha_i-\dfrac{1}{2}\sum_{i,j}\alpha_i\alpha_j y_i y_j x_i^{\mathrm{T}} x_j \\ s.t\sum_{i=1}^{n}\alpha_i y_i=0,\alpha_i\geqslant 0,i=1,2,\cdots,n\end{cases} \tag{6.47}$$

如果 $\alpha$ 为式(6.47) 的解，则可以根据式 6.43 求出 $\omega$ 和 $b$ 的值。进而可以得到决策函数为：

$$f(x)=\mathrm{sgn}\left\{\left(\sum_{i=1}^{n}\alpha_i y_i x_i\right)^T x+b\right\}=\mathrm{sgn}\left\{\sum_{i=1}^{n}\alpha_i y_i\quad\right\}\langle x_i,x\rangle+b \tag{6.48}$$

式(6.48) 中，$\alpha_i$ 与 $b$ 即为所求的构建最优超平面的两个参数，$\langle x_i,x\rangle$ 表示两个数的点积。

如果最优解是近似线性可分的问题时，则需要通过引入松弛变量 $\xi_i\geqslant 0$，把约束条件放宽为 $\xi\geqslant 0,i=1,\cdots,k$，同时引入惩罚参数 $c$，得到最优化问题：

$$\begin{gathered}\min\frac{1}{2}\|\omega\|^2+c\sum_{i=1}^{k}\xi_i \\ s.t\quad y_i(\omega^T+b)+\xi_i\geqslant 1,i=1,2,\cdots,n;\xi\geqslant 0\end{gathered} \tag{6.49}$$

此时 KKT 条件中的对偶互补条件为 $\alpha_i\{(y_i(\omega^T x_i+b)-1+\xi_i\}=0$，$\forall i$。如果 $\alpha_i=0$，则 $y_i(\omega^T x_i+b)-1\geqslant 0$，即说明样本在间隔边界上已经被正确分类；如果 $0<\alpha_i<c$，那么 $\xi_i=0$，$y_i(\omega^T x_i+b)-1=0$，即点在间隔边界上；如果 $\alpha_i=c$，说明这可能是一个比较异常的点，需要检查 $\xi_i$。如果 $0\leqslant\xi_i<1$，那么点被正确分类；如果 $\xi_i=1$，点在分离超平面上，无法被正确分类；如果 $\xi_i>1$，则拒绝分类。构造最优超平面时，需要用核函数把样本数据 $X$ 投影到高维特征空间中来实现该操作。设分类超平面为 $\omega^T\phi(x)+b=0$，其中 $\phi(x)$ 为非线性映射函数，$\omega$ 为法向量，$b$ 为偏置。则优化问题为：

$$\begin{aligned}&\min\frac{1}{2}\|\omega\|^2+c\sum_{i=1}^{k}\xi_i\\&s.t\quad y_i(\omega^T+b)+\xi\geqslant 1, i=1,2,\cdots,n;\xi_i\geqslant 0\end{aligned}\tag{6.50}$$

### 6.4.2 LSSVM

1. 核函数的选择

核函数的作用是通过非线性映射将原数据映射到高维空间，将非线性问题转化为线性问题。这一过程有很多困难，如核函数的类型和参数、空间维度等，但核函数能有效解决高维空间的内积运算复杂的问题。核函数要满足 Mercer 条件：$X$ 是有限输入空间，$K(x,z)$ 是 $X$ 上的对称函数，那么尺度$(x,z)$ 是核函数的充要条件是矩阵尺 $K=(K(x_i,x_j))_{i,j=1}^{n}1$ 是半正定的。常用的核函数有以下几种：

1) 线性核函数

$K(x_i,x_j)\langle x_i,x_j\rangle$ 一般解决线性可分的问题，它是最简单的核函数，运算效率高，该方法可以快速获取超平面，但是对复杂的数据样本映射效果不佳。

2) 多项式(Polynomial) 核函数

$K(x_i,x_j)=(\langle x_i,x_j\rangle+\theta)^d$，$\theta$ 为非负数，$d$ 为多项式阶数并且可取任意正整数。如果映射空间维度太高，该方法会出现计算复杂、维数灾难的情况，所以多项式核函数构建映射空间纬度低的分类模型较好。核函数的参数 $d$ 越大，空间的维度越高，计算量随之变大，当 $d$ 过大时，学习过程会变得越复杂，过拟合现象会频繁出现。

3）高斯径向基(RBF)核函数

$K(x_i,x_j)=\exp(-\|x_i,x_j\|^2/2\sigma^2)$，$\sigma$ 为宽度参数，决定了核函数的径向作用范围，影响模型泛化。若 $\sigma$ 太小，其核函数特性类似于线性核函数，径向范围过窄，出现过拟合；若 $\sigma$ 太大，又会出现欠拟合。径向基核函数有抗噪声和局部性的优点。

4）二层感知机(Sigmoid)核函数

$K(x_i,x_j)=\tanh(\beta_0\langle x_i,x_j\rangle+\beta_1)$，$\beta_0$、$\beta_1$ 为待定的系数。

这四种核函数各有优缺点。线性核函数参数少、速度快；多项式核函数参数多、泛化能力强；径向基核函数的特点与多项式核函数刚好相反；二层感知机核函数分类性能好。很多涉及SVM和LSSVM的缺陷分类算法中常采用RBF作为其核函数。它的两个参数：惩罚参数 $\gamma$ 和核函数参数 $\sigma$ 的取值对其模型的建立非常重要，也会影响到缺陷分类的准确率，所以应使用适合的方法选取各个参数。接下来介绍这些LSSVM的参数的选取。

2. LSSVM参数的选取

在支持向量机中，核函数参数 $\sigma$，惩罚参数 $\gamma$，这两个参数对模型预测效果有着至关重要的影响。而LSSVM中对学习和泛化能力影响重大的参数主要有两个，分别为核函数参数 $\sigma$ 和惩罚参数 $\gamma$。其中，惩罚参数 $\gamma$ 影响着模型的训练误差和泛化性能，对模型的复杂度和拟误差的惩罚度影响较大。当 $\gamma$ 值偏大时，能校正模型的训练误差，但是会削弱泛化能力，易出现过拟合现象；而 $\gamma$ 减小会降低模型的复杂性，出现欠学习现象，并增大模型的训练误差。核函数参数 $\sigma$ 能有效反映训练数据集的特性，会对输入的数据在特征空间的分布复杂度产生影响，$\sigma$ 减小能增强模型泛化能力，但是会增大训练误差；而 $\sigma$ 过大会导致过拟合，泛化能力则降低。

1）核函数参数

核函数的作用是减少内积的运算量。而且宽度 $\sigma$ 还会对高维特征空间 $\phi(x)$ 的构造好坏有着相当程度的关联，并表现出学习样本的相关特点。当参数 $\sigma$ 太大，训练数据相对减少，这样很可能分类准确率变低；同理 $\sigma$ 不能太小，否则SVM训练过当，会出现过拟合现象。

2) 惩罚参数

惩罚参数的作用是调节训练学习中的误差，使得训练结果与真实结果的误差尽量地小，并让模型泛化学习。如果参数取值太小，会使得对训练数据的整体误差值的惩罚(补偿) 度欠缺，模型会太过于简化，导致训练模型欠拟合；如果参数取值太大，对训练数据误差的惩罚度变大，那么使得训练模型过拟合。所以惩罚参数影响着支持向量机的学习泛化能力。

### 6.4.3　PSO 算法及优化

参数$\sigma$和$\gamma$对LSSVM模型的预测精度有很大影响。传统交叉验证被用来寻找最佳参数，然而该方法存在效率低的缺点。此外，合理的参数区间往往难以确定。在使用最小二乘支持向量机算法进行金属缺陷的分类识别过程中，根据其原理需要确定分类器模型$\sigma$和$\gamma$ 两个参数的取值。由于这两个参数的计算没有具体的指导理论，目前主要是通过实验的经验或者通过智能优化算法进行自动寻优。针对这一不足，本章中采用粒子群优化算法搜索 LSSVM 的最佳参数。采用改进 PSO 算法对 LSSVM 模型参数进行寻优，个体在种群区域内不停地寻优迭代改变其速度与位置。通过不断迭代，直到收敛至最优解规定的区间范围内，将优化后的$\sigma$ 和$\gamma$ 作为 LSSVM 的参数进行模型建立。

1. PSO 原理

粒子群优化(PSO) 是由 Kennedy 和 Eberhart 提出的优化算法。与其他算法相比，该算法搜索效率较高，经常用来解决优化问题。

粒子群优化算法的基本原理：首先初始化一组随机粒子，用适应度检验来评价结果的质量，通过多次迭代找到全局最优解。在每一次迭代中，算法更新自己的最佳位置 $p_{\text{best}}$ 和所有粒子中的最佳位置 $g_{\text{best}}$。根据方程式更新每个粒子的速度和位置。

根据公式来调整粒子的速度和位置。

$$v=\omega_i \cdot v_p+c_1 \cdot r_1 \cdot (p_{\text{best}}-x)+c_2 \cdot r_2 \cdot (g_{\text{best}}-x)$$
$$x=x+v_p \tag{6.51}$$

式(6.51) 中，$\omega_i$ 为惯性因子，用于调整解空间的搜索范围；$v_p$ 为粒子速度，$x$ 为粒子当前的位置；$c_1$ 和 $c_2$ 是学习因子，用于调整学习的最大步长，能加快算法的收敛速度，避免陷入局部极小值；$r_1$ 和 $r_2$ 是 0 到 1 之间的随机数。由此可见，粒子群算法不同于遗传算法，它没有交叉和变异的过程。因此，它可以更快地收敛到最优解。

2. PSO 参数选择

在一个范围之内，粒子群算法的参数值会对粒子群优化结果的好坏有着关键的作用，进而需要不断地尝试，选择最佳的参数值，从而得到最佳的优化结果，并且能够提高 LSSVM 缺陷分类的精确率。以下介绍粒子群算法的相关参数。

1）惯性权重

惯性权重是由 Shi 和 Eberhart 等人提出，是粒子群算法中个体和种群寻找最优值的重要参数，代表着寻优能力。对这个重要参数进行实验分析得出结论：惯性权重的确定，可以在一定程度上来平衡 PSO 的全局搜索能力和局部开发能力，使寻优算法达到一定的精度；惯性权值较大时，算法的全局性较好，即有着较强全局寻优的能力，并使得群体多样性更丰富；惯性权值较小时，算法的局部搜索能力非常突出，但算法的全局搜索能力相对就会变弱，进而在局部最优解的邻域范围内进行搜索。若 $\omega=0$，式 6.50 第一项即为零，这时种群的个体的速度位置不受惯性权值影响，只受 $p_{\text{best}}$ 与 $g_{\text{best}}$ 的影响。根据经验归纳，权重在 $0.8<\omega<1.5$ 范围，粒子群整体的寻优能力最强，即寻优到的全局最优解的概率相对很大，收敛速度比较合适，基本到达算法高性能的要求。

2）群体规模

种群规模 $N$，即种群中粒子个体的数量，在一定程度上影响着 PSO 的寻优能力，以及粒子间的适应能力。由粒子群算法的基本概念知，对群种规模 $N$ 赋值大小要合适。当 $N$ 赋值过小，算法收敛速度快，但易陷入局部最小值；当 $N$ 赋值较大，种群的搜索能力强，然而种群规模过大时，则会导致种群的寻优时间增加。同时，若种群的数量大于某个规模的时候，寻优的收敛速度也不再加快，反而会因为 $N$ 太大而增加了计算量。

3）学习因子

PSO 算法中，参数 $c_1$ 影响粒子的“自身学习”水平，而参数 $c_2$ 影响粒子的“群体学习”水平。学习因子 $c_1$,$c_2$ 代表着粒子对自身最有优和群体最优的学习能力。

在种群搜索问题最优解的时候,$c_1$ 和 $c_2$ 这两个参数对种群粒子是否向正确的最优解收敛,有十分关键的作用,参数要根据问题取恰当的值。例如,当学习因子取合适大的值时,那么粒子群的局部寻优效果较好,种群寻优的收敛速度变快。$c_1$ 取值较大而 $c_2$ 取值较小,种群的全局寻优效果更好,而粒子会更倾向于自身学习,尽可能地从多个区域进行寻优。另一方面,在寻优进行至尾声时,$c_1$ 取值较小而 $c_2$ 取值较大,种群的局部寻优效果更好,粒子会更倾向于群体学习,这样能够更精确定位至最优解的区间,一般来说 $c_1=c_2\in[0,4]$。

4) 最大速度

最大速度 $V_{max}$ 一定程度上影响着粒子群算法的寻优速度,当 $V_{max}$ 适当大的时候,粒子的寻优效率相对高。然而 $V_{max}$ 过大的话,粒子有很大的趋势偏离最优解。如果粒子的搜索要求不高,$V_{max}$ 的值可适当减小,但过小的话粒子群算法就会陷入局部最优。一般情况下,$V_{max}$ 的数值为一个常数,动态改变最大速度可能影响算法的收敛。对于本章的种群间的分布范围值,$V_{max}$ 取值为 2。

5) 停止寻优准则

利用粒子群算法达到终止寻优的条件,通常都根据给出最大迭代次数或寻优至最优解邻域范围内的最优解的误差范围即可。

6) 粒子群的初始化

粒子群的初始化一般都比较随机,通常而言问题都是不会非常的复杂,而且搜索算法与问题之间相对独立。但复杂的问题可能使它们之间存在依赖性。如果要解决问题的依赖性,需要进行合理的初始化。较好的初始化方法是将初始化所得到的结果完全随机化。

### 6.4.4　实验结果分析

1. LSSVM 核函数的比较选取

本节选取由多项式核函数和 RBF 核函数结合的混合核函数, 即 $K_P=(1-s)K_{olynomial}+sK_{RBF}$。其中,$s\in(0,1)$ 为混合权重系数,限制两个核函数的比重，根据经验选取 $s=0.6$。

分别比较线性核函数、多项式核函数、径向基核函数、混合核函数对分类的影响，构建三组图像的实验集，每组实验集都有一定数量的训练集和测试集。表 6.1 为对应核函数的 SVM 对每组测试集的分类准确度进行比较。

**表 6.1　核函数的分类准确度比较**

| 实验组 | 核函数 | | | |
|---|---|---|---|---|
| | 线性 | 多项式 | 径向基 | 混合 |
| 第一组 | 46% | 67% | 72% | 84% |
| 第二组 | 57% | 85% | 80% | 90% |
| 第三组 | 52% | 73% | 83% | 86% |

从表 6.1 中得知选择混合核函数进行缺陷分类的准确率最高，线性核函数缺陷分类准确率最低。因此，本章选择混合核函数为 PSO-LSSVM 的核函数。

2. 粒子群优化算法的参数选取

PSO 参数种群数量 $N$ 和迭代次数 $k$ 的选取对搜寻 LSSVM 的对应的最优解参数 $(\gamma,\sigma)$ 十分重要，因此需要进行多次试验比较。考虑到迭代次数过多或过少都会对缺陷分类的准确度造成影响，因此种群数量限制在 10—30 次，迭代次数限制在 10—40 次，通过对全体图像作为训练集进行实验，来观察迭代次数如何影响实验效果。

表 6.2 中，当种群数量 $N$ 大于等于 20，迭代次数 $k$ 大于等于 20，训练得到的分类精度不再提升，最大精度达到 99.25%。因此得出最佳的种群数量 $N$ 为 20，最佳迭代次数 $k$ 为 20。

**表 6.2　迭代次数和种群数量对分类准度比较**

| 种群数量 | 迭代次数 $k$ | | | | | | |
|---|---|---|---|---|---|---|---|
| $N$ | 10 | 15 | 20 | 25 | 30 | 35 | 40 |
| 10 | 97.5% | 97.5% | 97.5% | 97.5% | 98.5% | 98.5% | 98.5% |
| 15 | 97.5% | 97.5% | 98.5% | 98.5% | 99.25% | 99.25% | 99.25% |
| 20 | 98.5% | 98.5% | 99.25% | 99.25% | 99.25% | 99.25% | 99.25% |
| 25 | 98.5% | 98.5% | 99.25% | 99.25% | 99.25% | 99.25% | 99.25% |
| 30 | 98.5% | 98.5% | 99.25% | 99.25% | 99.25% | 99.25% | 99.25% |

3. PSO-LSSVM与各分类方法比较

比较本章的PSO-LSSVM和其他分类方法（KNN、决策树、SVM、LSSVM）的缺陷分类准确度，PSO-LSSVM中的PSO参数设置学习因子$c_1=c_2=1.5$，并且采用本章提到的方法来调整学习因子优化模型；惯性权重初值$\omega_{max}=1.2$，$\omega_{min}=0.2$，采用动态自适应调整方式来调整权值。分五组实验测试。进行测试分类方法前，对实验集分别进行预处理、Gabor滤波融合、disCLBP特征提取、2DPCA特征降维。

实验过程如图6.9所示。

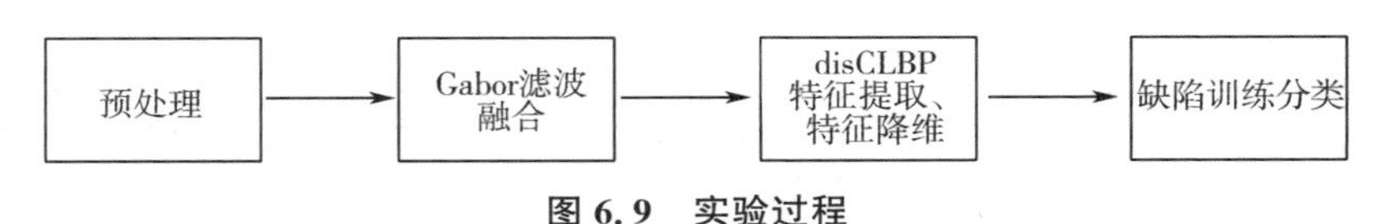


**图6.9　实验过程**

第一组，每种缺陷200张训练，160张测试，如表6.3所示。

**表6.3　各个分类方法在第一组分类准确率**

| 缺陷类型 | 方法 | | | | |
|---|---|---|---|---|---|
| | KNN | 决策树 | SVM | LSSVM | PSO-LSSVM |
| 裂纹 | 75.625% | 73.75% | 95.625% | 96.25% | 97.5% |
| 杂质 | 82.5% | 58.75% | 89.375% | 90.625% | 92.5% |
| 斑块 | 71.875% | 65% | 92.5% | 93.125% | 95% |
| 划痕 | 80% | 77.5% | 97.5% | 97.5% | 100% |
| 平均准确率 | 77.5% | 68.75% | 93.75% | 94.375% | 96.25% |

第二组，每种缺陷300张训练，50张测试，如表6.4所示。

**表6.4　各个分类方法在第二组的分类准确率**

| 缺陷类型 | 方法 | | | | |
|---|---|---|---|---|---|
| | KNN | 决策树 | SVM | LSSVM | PSO-LSSVM |
| 裂纹 | 80% | 54% | 90% | 90% | 94% |
| 杂质 | 78% | 66% | 94% | 96% | 96% |
| 斑块 | 84% | 78% | 92% | 94% | 92% |
| 划痕 | 74% | 72% | 96% | 96% | 100% |
| 平均准确率 | 79% | 67.5% | 93% | 94% | 95.5% |

第三组，每种缺陷 250 张训练，100 张测试，如表 6.5 所表。

**表 6.5　各个分类方法在第三组的分类准确率**

| 缺陷类型 | 方法 | | | | |
|---|---|---|---|---|---|
| | KNN | 决策树 | SVM | LSSVM | PSO-LSSVM |
| 裂纹 | 66% | 24% | 94% | 90% | 100% |
| 杂质 | 63% | 83% | 73% | 80% | 94% |
| 斑块 | 47% | 76% | 69% | 86% | 79% |
| 划痕 | 51% | 13% | 88% | 91% | 89% |
| 平均准确率 | 56.75% | 49% | 81% | 86.75% | 90.50% |

第四组，每种缺陷 200 张训练，200 张测试，如表 6.6 所示。

**表 6.6　各个分类方法在第四组的分类准确率**

| 缺陷类型 | 方法 | | | | |
|---|---|---|---|---|---|
| | KNN | 决策树 | SVM | LSSVM | PSO-LSSVM |
| 裂纹 | 48.5% | 78% | 82% | 82% | 89.5% |
| 杂质 | 75% | 80.5% | 84.5 | 88% | 85% |
| 斑块 | 75% | 83% | 76% | 72% | 81.5% |
| 划痕 | 60.5% | 46% | 92% | 96% | 98.5% |
| 平均准确率 | 64.75% | 71.875% | 83.625% | 84.5% | 88.625% |

第五组，每种缺陷 180 张训练，30 张测试，如表 6.7 所示。

**表 6.7　各个分类方法在第五组的分类准确率**

| 缺陷类型 | 方法 | | | | |
|---|---|---|---|---|---|
| | KNN | 决策树 | SVM | LSSVM | PSO-LSSVM |
| 裂纹 | 90% | 50% | 83.33% | 90% | 100% |
| 杂质 | 80% | 56.66% | 70% | 86.6% | 100% |
| 斑块 | 53.33% | 33.33% | 90% | 83.3% | 83.3% |
| 划痕 | 83.33% | 86.66% | 80% | 83.3% | 80% |
| 平均准确率 | 76.66% | 56.66% | 80.83% | 85.83% | 90.83% |

从前两组表可看出，经过第 6.2 节、第 6.3 节以及本节的一系列优化方法，分类准确率随着小节的方法优化而提高，PSO-LSSVM 分类准确率高于

SVM 和 LSSVM；从后三组表可看出，KNN 和决策树分类法不稳定，对不同数据集和不同的缺陷类型，分类的准确度差距大，有高有低，因此平均准确率不高。SVM 在对金属缺陷分类中表现稳定，准确率都在 80%以上，而 LSSVM 和 PSO-LSSVM 对 SVM 优化，LSSVM 平均分类准确率在三组中分别是 86.75%、84.5%、85.83%。准确率提升至 85%以上。PSO 继续对 LSSVM 的参数（$\lambda$，$\sigma$）优化，使得平均准确率提升至 90%以上。PSO-LSSVM 有效提高了分类准确率。

对金属缺陷进行分类的结果，可以发现 KNN 和决策树总体的分类准确率不如 SVM、LSSVM、PSO-LSSVM，但是对部分缺陷分类准确率高。KNN 没有学习训练集的特征，而是直接给训练集贴标签，再对测试集分类，这样没有考虑类内、类间的差异，很容易过拟合或欠拟合，从而导致部分类型缺陷分类的准确度高，剩余缺陷的分类准确度低。决策树是有监督的分类方法，学习效率比 SVM 要高些，但是决策树只是学习了部分字段（特征），对于非线性高维的特征表现略差，因此会产生过拟合现象，故而对金属缺陷分类效果不佳。支持向量机的核心就是将特征映射到高维空间进行分类，故而训练程度相对完整，分类准确率高。但是训练学习的效率要低于决策树；而且对核函数依赖，核函数的选择与训练分类准确率密切相关，这些都是 PSO-LSSVM 等方法的限制。KNN、决策树对训练的要求相对不苛刻，因此相对不复杂的缺陷特征分类效果要好。但是缺陷种类增多时、分类复杂时，PSO-LSSVM 效果好些。就本实验而言 PSO-LSSVM 方法的有效性更好。

# 第7章　基于机器学习的图像边缘检测方法的研究与应用

## 7.1　案例背景

### 7.1.1　图像边缘检测的研究现状

在数字图像处理过程中，将存在于图像周围，且局部强度变化最显著的部分称为边缘。边缘包含了用于识别图像的重要信息，它为人们描述识别目标和解释图像提供了一个重要的、有价值的特征参数。对边缘的检测不仅是模式识别、机器人视觉、图像分割、特征提取、图像压缩等方面研究的基本工具，而且还在图像处理和计算机视觉等众多领域的研究中起着重要的作用。

数字图像的边缘检测是轮廓提取、目标识别与跟踪、运动分析、图像分割等图像分析领域的基础，图像理解和分析的第一步往往就是边缘检测，由于边缘图像在保留原始图像丰富信息的同时，还降低了图像数据的维度，因此边缘检测结果的好坏直接制约着计算机视觉其他领域的发展。

目前边缘检测技术研究的重点和难点是如何快速、准确地提取图像边缘信息。

对图像边缘检测的研究大致可以分为三类：

1. 传统的基于局部梯度信息的方法

这些方法往往都是对原始图像按像素的某邻域构造边缘算子，如Roberts算子、Sobel算子、Prewitt算子、Laplace算子等等。

1986年John Canny在IEEE的学报期刊PAMI上发表了一篇名为“A Computational Approachto Edge Detection”的论文，通过比较不同算子的性

能，加上对以往理论和实践的成果的总结，他认为有效的边缘检测算子应满足三个准则：好的检测结果、好的定位和对单一边缘低重复响应。这被称为Canny三准则。

边缘检测的Canny三准则及其数学表达式：

第一个准则是尽量减少边缘检测的错误率，也就是要使得检测后的图像在边缘点的信噪比最大化。假设 $f(x)$ 是滤波器的有限冲击响应，$x \in [-w, w]$，此时要检测边缘的曲线，并假设边缘点的中心位置就在 $x=0$ 处，噪声为 $n(x)$。因此，经过 $f(x)$ 滤波后，边缘点的响应 $H_G$，噪声的平方根为 $H_n$，$n_0^2$ 是单位长度上噪声振幅的均方。计算输出图像的信噪比，也就是第一个准则的数学表达式：

$$\mathrm{SNR}=\frac{H_G}{H_n}=\frac{\left|\int_{-w}^{+w} G(-x) f(x) d x\right|}{n_0 \sqrt{\int_{-w}^{+w} f^2(x) d x}} \tag{7.1}$$

第二个准则就是准确定位边缘，即通过边缘检测算子标记出的边缘点要和图像上真正边缘的中心位置充分接近。该准则就是要定义一个表达式，并且该表达式的量随着定位精度的提高而增加。Canny定义为：

$$\text{Localization}=\frac{H_G}{H_n}=\frac{\left|\int_{-w}^{+w} G'(-x) f'(x) d x\right|}{n_0 \sqrt{\int_{-w}^{+w} f'^2(x) d x}} \tag{7.2}$$

其中 $G'(-x)$，$f'(x)$ 分别是 $G(x)$ 和 $f(x)$ 的一阶导数。

式(7.1)和(7.2)是前两个准则的数学表达式，这样寻找最优滤波器的工作就转化成了求两个表达式的值最大化的工作，也就是求一个函数 $f(x)$，使得式(7.3)达到最大值。

$$f(x)=\frac{\left|\int_{-w}^{+w} G(-x) f(x) d x\right|}{n_0 \sqrt{\int_{-w}^{+w} f^2(x) d x}} \frac{\left|\int_{-w}^{+w} G'(-x) f'(x) d x\right|}{n_0 \sqrt{\int_{-w}^{+w} f'^2(x) d x}} \tag{7.3}$$

第三个准则就是要去除多重响应。当图像中存在噪声或图像本身包含较多的纹理区域，这样通过滤波器检测出来错误的边缘较多，Canny认为要加入第三个准则，也就是要求通过 $f(x)$ 滤波后，单边缘周围有尽可能少的响应。

Canny 边缘检测算法的基本步骤是：

①利用二维高斯滤波器消除噪声；

②用一阶偏导数的有限差分来计算梯度的大小和方向；

③对梯度大小进行非极大值抑制；

④使用累计直方图计算两个阈值，用双阈值算法检测和连接边缘。

这个评价准则成为图像处理领域中边缘检测问题上的经典准则，在此基础上的用 Canny 边缘检测算子得出的结果要优于其他算子。

2. 多尺度的边缘检测方法

20 世纪 90 年代，随着现代信号处理技术的发展，小波开始用于边缘检测，小波变换具有天生的多尺度特性，因此在边缘检测方面有着得天独厚的优势。小波多分辨率分析思想是对调和分析等一系列分析方法的总结。它以多尺度理论为基础，具有时-频局部化特点和多尺度特性，能够有效地分析信号的奇异性，因此小波分析技术不仅可以检测图像边缘，还能有效抑制噪声，在图像处理领域得到了广泛应用。

小波变换对不同的频率成分，在时域上的取样步长具有调节性，即高频者小、低频者大的特点。因此，小波变换能够把信号或图像分解成交织在一起的多种尺度成分，并对大小不同的尺度成分采用相应粗细的时域或空域取样步长，从而能够不断地聚焦到对象的微小细节。

小波变换的多尺度特性，在图像边缘检测方面具有较大优势，但是对于各种类型的边缘，小波函数的选取各不相同，这给小波函数的设计带来了麻烦。

3. 基于学习的边缘检测方法

前面提到的两类边缘检测方法在实际应用中有很大的局限性，它们要么忽略了图像中的上下文信息，要么就是没有将中层视觉和高层视觉等信息考虑进去，这样往往会导致边缘检测的结果差强人意，比如将物体周围的纹理检测出来当作边缘，而当物体某个部分与背景相似时却无法检测出来。从应用的角度来看，在目标检测过程中，人们只关心目标的边缘，图像中其他地方检测出来的边缘就是噪声，可以定义一些特殊的规则过滤掉这些边缘，但是一旦应用领域发生改变，这些规则可能就不适用了，因此要找到一种自适应的边缘检测方法是很困难的。

因此近年来，学者们将机器学习和模式识别的理论应用到边缘检测中来。屠卓文等在 2006 年提出了一种基于 PBT 分类器的 BEL 边缘检测算法；Fowlkes 等人利用中层感知信息改进了边缘检测的结果，统计出一个分类器估计边缘的概率，记为 Pb，将局部亮度、纹理和颜色梯度信息作为每个像素点的特征；还有一些方法将底层的图像分析方法和中层暗示信息相结合，以上提到的方法都对边缘检测的结果进行了改进。

基于学习的边缘检测方法得到的结果实际上是一幅表示边缘可信度的概率图像，而其他的方法得到的是一幅二值图像或表示边缘强度的图像。该方法在对每个像素点进行选择的时候，考虑了不同尺度下的底层、中层的视觉信息和上下文信息。由于该方法是基于机器学习框架的，因此具有很强的适应性，且无需调整任何参数。不过，这种方法也存在着一些不足的地方，主要表现在以下几点：第一，需要提供已经由人工标注好边缘的图像，用作训练的样本数据，由于需要的数据量较大，这给实验带来了很大的困难。不过一些研究机构纷纷在网络上共享出了他们的数据供研究者使用，例如伯克利图像分割和标注数据库。第二，将边缘检测看作是机器学习的问题导致训练的过程太复杂，但普通的训练方法无法得到令人满意的效果。第三，处理如此庞大的数据，计算速度是一个需要解决的难点。

### 7.1.2　图像边缘检测的研究意义

在计算机视觉和模式识别领域中，图像边缘检测的研究一直以来都是重点。

从图像表示的角度来看，提取图像的边缘不仅能很好地表达图像，还能提取图像中的几何结构信息。自然图像中既有纹理信息，又有结构信息，为了从图像中提取几何结构信息，马尔（Marr）在他的表示框架中提出原始简约图（primal sketch）的概念作为中间表示层。该表示层位于原始图像层和 2.5D 简约图层之间，如图 7.1 所示。原始简约图在图像中以图像基元（image primitives）的形式出现，如柄（bars）、边缘（edges）和终端结点（terminators)等。如果能得到完善而准确的边缘,就能更好地构建原始简约图,一旦这个问题得到解决,就能将计算机视觉的研究推向 2.5 维甚至是三维。

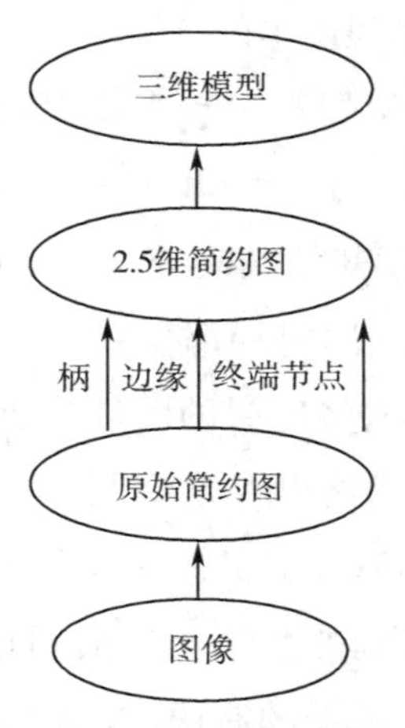


**图 7.1 马尔的图像表示框架**

图像的边缘是图像分割所依赖的重要特征,也是纹理特征的重要信息源和形状特征的基础,而图像的纹理形状特征的提取又常常依赖于图像分割。在进行图像分割时,往往要通过一些边缘的信息来指导分割,例如物体和背景的交界处可能就是边缘。

目前,边缘检测在医学图像处理、红外图像处理、合成孔径雷达图像处理中都有非常重要的应用,它在医学、工业甚至是军事领域占据着举足轻重的地位。

## 7.2 基于有监督学习图像处理的方法与原理

机器学习主要包括三种学习方法:有监督学习、无监督学习、加强学习。考虑到学习的速度和准确性,本节使用了有监督学习的方法。利用有监督学习的方法进行图像分类或识别等高层处理的过程一般首先从人工客观标注好的图像数据中获取训练数据样本,然后对样本数据进行特征提取来降低图像数据的维度,并利用得到的特征进行分类器的训练,最后对待测试数据进行分类,完成对图像数据的轮廓提取和目标分类等处理。本节首先介绍怎样在图像处理过程中引入计算机视觉计算框架，然后介绍运用有监督学习算法从数据的特征提取到分类器的设计，并完成图像数据分类的方法与原理。

### 7.2.1　计算机视觉计算框架

计算机视觉是一门研究如何使计算机具有“看”的能力的学科，进一步地说，就是用计算机代替人眼对目标进行识别、分类和跟踪。一般来说，计算机视觉最初要完成的任务是：对获取的视觉素材进行一系列的计算，用计算机把图像处理成为更适合人眼观察或仪器更易检测的图像。本章所研究的图像边缘检测技术是计算机视觉这门学科中最基础也是最重要的问题。下面简要介绍一下计算机视觉要解决的几个问题，并引出解决这些问题的计算方法，即计算机视觉的计算框架。

计算机视觉的几个经典问题包括以下几个方面。

1. 识别

计算机视觉中的识别是指判定一组图像数据中是否包含某个特定的物体，或具有某种图形特征以及运动状态。这一问题的初衷是要让计算机在任意环境中识别出任意物体及其运动状态，但是到目前为止，并没有找到一种对任意的场合都适用的识别方法。现有的一些识别算法只能在一些特定的场合达到理想的效果，例如简单几何图像识别、人脸识别、车牌识别、手写体识别等。造成这种状况的主要原因是图像预处理算法对光照和纹理噪声敏感，这里的预处理指的是提取物体的边缘或轮廓，因此如何在预处理过程中尽量减少光照和背景的影响是一个值得研究的课题。

2. 运动物体跟踪

运动物体跟踪主要是对视频中物体运动的监测，记录其移动轨迹，并对视频中将要发生事件进行预测和分析。运动物体跟踪包括单个物体和多个物体的跟踪。

3. 三维场景重建

三维场景重建是指：给定一个场景的多幅图像或者有关这个场景的一段视频，通过摄像机标定或其他空间计算方法为该场景建立一个三维模型。比较常见的情况是建立三维空间坐标系，给出某些点在三维空间中的位置，复杂情况下是要建立一个完整的三维表面模型或立体模型。

4. 图像恢复

图像恢复的目的是对图像质量进行某种程度上的改善，最简单的情况就是移除图像中的噪声，或者是对质量较差的图像进行一定的处理，使其恢复本来面貌，这是一个十分具有挑战性的问题，目前的技术主要是根据一个指定的图像退化模型进行图像恢复，提升图像的品质，想恢复到原始图像是比较困难的。

计算机视觉系统是指解决计算机视觉问题的一般步骤，对于各种不同的具体应用方向，处理过程会略有不同。图 7.2 显示了一个计算机视觉系统的结构。

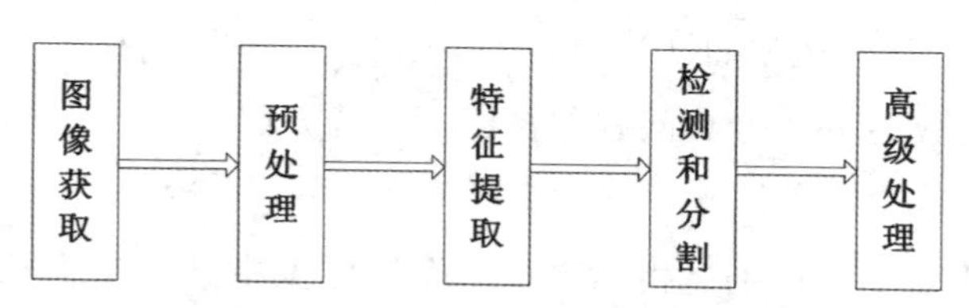


**图 7.2　计算机视觉系统结构图**

图像获取主要是一幅数字图像的产生过程；预处理是对图像进行处理之前的操作，包括平滑去噪、提高对比度、调整尺度等；特征提取是系统中最重要的一个环节，即从图像中提取各种特征，例如点、线、边缘等简单特征，更复杂的特征包括颜色特征、纹理特征和形状特征（特征提取将在 7.2 节中详细介绍）；检测和分割是对图像进行检测和分割以提取有价值的信息，用于后继处理算法的输入，例如特征的筛选、标记图像中含有特定目标的部分；高级处理是对上一步得到的结果进行验证和判定，以及对目标进行分类。

绝大多数计算机视觉问题都离不开对原始图像的计算处理，对于一幅给定的观测图像 I，通过一系列计算后得到能对该图像进行合理解释的场景图像 $W$，$W$ 可以理解为更适合人眼观察或更易被机器检测的图像，它主要描述了图像中某物体或某区域的尺寸和空间位置等场景信息，当然还包括终端结点、边缘、轮廓等图像基元，这跟 Marr 视觉表示框架中原始简约图非常相似。

从数学计算的角度出发，以上的过程可以归结为为图像 $W$ 寻找数学表达的过程，也就是要定义出一个函数表达式 $S$，能对图像 $W$ 中感兴趣目标或区域的尺寸及空间位置等场景信息进行数学描述。从图像 I 直接计算得到场景解释图像 $W$ 一直以来都是个难题，因为各种算法的侧重点有所不同，甚至于由于先验知识的不同导致对图像的理解也有不同，从而得到的图像 $W$ 有很多种，例如 $W_1, W_2, \cdots, W_n$。

为避开这个难题，研究者们提出一种计算机视觉的计算框架，用 $(i,j)$ 表示图像中的某个像素点，函数 $S_W(i,j)$ 的取值为 0 或 1，当 $S_W(i,j)=1$ 表示该像素点属于感兴趣的物体或区域，若 $S_W(i,j)=0$ 则表示该点是不被关注的。这样一来，获取场景图像 $W$ 的过程就变成了一个典型的分类问题，观测图像 I 中的点只有两类情况：一类属于感兴趣物体或区域，另一类属于不感兴趣部分，即背景或噪声。因此，计算给定观测图像 I 中某个像素点 $(i,j)$ 属于感兴趣物体或区域的概率大小的数学表达式可定义如下：

$$p[S(i,j) \mid I]=\sum_{k=1}^{n} S_{W_k}(i,j)\, p(W_k \mid I) \tag{7.4}$$

由式(7.4)可以看出，对整幅图像直接计算 $p[S(i,j) \mid I]$ 的计算量将非常巨大，为了降低计算复杂度，将原来对整幅图像 I 的计算转换成以 $(i,j)$ 为中心点的图像块 $I_{R(i,j)}$ 的计算，这个图像块可以是 $30\times30$ 或 $50\times50$ 像素的矩形块，这大大提高了计算效率，同时这种尺寸大小的矩形块不会丢失上下文等中层视觉信息，保证了计算的准确性。通过以上的简化，问题的关键变成了对 $p[S(i,j) \mid I_{R(i,j)}]$ 的计算，其中 $(i,j)$ 表示图像块的中心点，这种计算框架为其后续处理提供了基础。

### 7.2.2　有监督学习

在 7.1 节中介绍过机器学习以及有监督学习的方法。机器学习研究的内容是如何通过模式学习使系统具有自主获取知识并综合知识的能力，实现系统自身性能和效率的不断提高。严格来讲，在设计分类器时，凡是利用了训练样本信息，就可以认定此设计运用了机器学习的研究方法。构建一个分类器一般要涉及两方面内容：一方面是指定一般的分类器模型；另一方面是利用训练样本来学习（估计）模型的未知参数。这里提到的学习是指利用某种算法来降低训练样本的分类误差。所以根据学习任务的不同，将机器学习算法分为有监督学习、无监督学习和加强学习三种。在本章中，将利用有监督学习的算法进行图像处理，接下来将详细介绍有监督学习的概念。

有监督学习又称为从实例中学习，利用一组标记有输入输出对应关系的实例(训练集合)对系统进行训练，系统能够构造输入输出的映射关系，预测训练集合以外的输入所对应的输出，从而通过从实例中学习获得推广的能力，如图 7.3 所示。

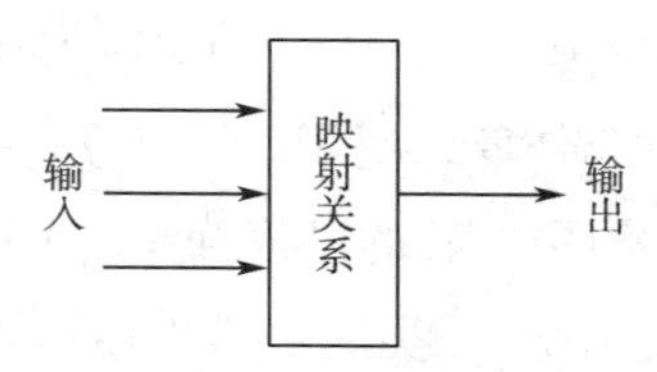


**图 7.3　有监督学习示意图**

如图 7.3 所示，输入输出的真实映射关系被称为目标函数，而通过学习得到的映射关系被称为学习问题的解函数。对于分类问题，解函数有时又被称为决策函数。解函数通常从某个输入输出映射关系的候选函数集合中选择，这里的候选函数就是所谓的分类器。

有监督学习的结构中包括两个重要的组成部分：特征空间和分类器训练算法。特征空间限定了学习任务所能选择的映射关系的范围，而分类器训练算法则利用训练集合作为输入，从特征空间中搜索学习问题的解函数。

根据对训练样本处理方式的不同，有监督学习可以分为渐进学习(在线学习)和分批学习，其中渐进学习每次只处理单个实例，而分批学习则分批对实例进行处理。根据学习任务的不同，有监督学习又可以分为分类、回归、排序等。其中分类任务的输出范围是有限数量的离散类别，各个类别之间没有顺序的关系；而回归任务的输出范围是连续的数值；排序任务的输出范围也是离散的类别，但是各个类别之间按照一定的顺序排列。

有监督学习算法性能的优劣取决于算法具有的推广性。算法的推广性不是通过在训练集合上的训练误差评价，而是通过算法在训练集合以外的实例上的判断或近似预测的能力。如果只利用训练误差监督学习的过程，就可能会引起过度拟合问题。过度拟合是指学习算法得到的解函数与训练实例非常吻合，但是对于训练集合以外的实例推广能力很差的现象。

通过估计推广误差可以对学习算法得到的解函数进行模型评估和模型选择。模型评估时指通过估计模型的推广误差，预测模型的实际性能；而模型选择则是指根据不同模型的评估性能，从中选择最好（近似）的模型。在理想情况下，如果有足够多的实例，对于上述两个问题的最好解决方法是随机地将实例集合分成三部分：训练集合、验证集合、测试集合。训练集合用于拟合模型，验证集合用于突击推广误差以进行模型选择，测试集合用于对最终选定的模型进行评估。有监督学习经过多年研究，发展了很多有效的学习方法，其中有代表性的方法包括决策树、支持向量机、贝叶斯学习方法等，特别是近年来快速发展的增强（Boosting）算法，改进了其他方法的很多缺点，具有优异的推广能力，在应用中也表现出了很好的性能，本章接下来的 7.3 节主要研究了增强算法中比较有代表性的 AdaBoost 算法，并将该算法与决策树相结合得到了一个改进的分类算法。有监督学习在实践中得到了广泛的应用，从语音识别到图像识别，从数据挖掘到生物信息学，有监督学习的方法都发挥了重要的作用。

### 7.2.3　图像特征提取技术

在图像处理技术中图像识别是一个关键技术指标，而特征提取又是图像识别技术中的关键。从某种程度上讲，图像特征提取结果的好坏对处理结果起到了决定性作用。图像特征提取技术具有很强的应用性，各国研究人员都在这一领域进行了大量的实验研究并将其转化产品推向市场。下面将对图像特征的种类以及相关的算法分别进行介绍。

1. 图像特征的种类

由于计算机技术的发展还没有达到足够智能的程度，以及图像处理技术没有达到一定的水平，所以完全基于语义内容的特征提取在目前还未实现。现阶段对图像进行特征提取主要是指对图像中底层信息（颜色、纹理、形状和空间关系）的提取。其中对图像颜色和纹理特征的提取的研究开始得比较早并取得了一定的成绩，对形状特征和空间关系的研究起步比较晚，相应的技术目前尚不成熟。以下将对颜色、纹理和形状等图像特征进行简要介绍。

1)颜色特征

颜色特征是图像最显著、最直观的特征,它表达了图像的重要信息。颜色特征比较稳定,对旋转、平移和尺度等各种形变都不敏感,鲁棒性较高。由于颜色特征计算简单,是目前应用最广泛的特征之一。一般采用不同的颜色空间来表示不同的颜色,所以在对图像颜色的提取中,颜色空间的选取十分关键。颜色空间可以按照不同的方式进行分类:按照颜色感知可分为混合比例型和分量表示型;按照面向对象可分为硬件型和用户型。面向硬件型的颜色空间与人的主观感知并不相配,但利于在硬件中显示,主要包括有 RGB、CMYK、YIQ 三种。面向用户型的颜色空间与人的主观感知比较相近,主要包括有 HSV、HIS、HCV、HSB、MTM 五种。混合比例型颜色空间是按照三种基色的比例合成,主要包括有 RGB、CMYK、XYZ 三种。分量表示型颜色空间是利用不同的颜色分量来表示人的不同主观感知。比如 HSV、HIS、HSL 等为了避免光亮度的影响,利用饱和度和色度来表示对色彩的感知;YUV 和 YIQ 则利用其中一个分量来表示对非色彩的感知,另外两个分量来表示对色彩的感知。

通常采用建立颜色模型的方式能够方便地表示各种颜色。颜色模型一般是用一个三维坐标(即三个向量)来表示,即坐标空间内的每个点都对应一种颜色。目前最普遍的一种模型就是 RGB 模型,几乎所有的颜色都是通过此模型转变而来,最符合人们主观感知的是 HSV 模型。所以在进行图像色彩特征提取的过程中最经常进行研究的就是 RGB 和 HSV 模型。颜色的特征主要有全局分布和局部分布两种,颜色特征提取的方法主要有颜色直方图法、颜色矩表示法、颜色集表示法和颜色对表示法。在后面将介绍这些颜色特征提取算法的原理。

2)纹理特征

图像的某种局部特征被称为纹理,它包含有图像表面结构组织同周围环境之间的关系等重要信息,通常被用来描述图像像素的邻域灰度空间的分布。纹理特征是一种重要的图像特征,它不依赖图像的颜色和亮度,反映的是图像中相同纹理质地的现象。

纹理是图像中不容易描述的特征。目前,学术界对纹理还没有一个明确和严格的定义，通常把它定义为在图像中多次出现的局部模式以及排列的规律。同时又可以将纹理定义为是由一个具有一定不变性的视觉基元在一定的区域上以不同形式和不同方向反复出现的一种图纹。在此，为了方便图像处理的过程，我们将纹理定义为像素灰度值在空间区域上的变化模式。

纹理特征主要分为粗细度、对比度、方向性和线状性等四种。为了能对图像纹理进行定量描述，通常采用统计分析法、频谱分析法、结构分析法以及局部方向分析法对图像纹理的统计特性和结构特性进行描述和提取。这几种特征提取的方法将在后面做简要介绍。

3)形状特征

形状特征是图像目标识别技术中一种显著的特征，它能对图像边界清晰的目标进行很好的描述。但是相较于前两种图像特征而言，对图像中目标的形状特征进行描述和提取难度要大一些。图像形状的描述方法有基于边界和基于区域两种类型。基于边界的描述方法是采用外部特征来描述(边界长度、曲率、傅里叶算子)目标图像形状，这种类型与图像的边缘和直线检测直接关联，称为外部描述。基于区域的描述方法是采用目标图像所覆盖的区域来描述目标图像形状，这种类型与图像的区域分割直接关联，称为内部描述。其中基于边界的图像形状特征提取算法主要有边界特征法(通过对边界特征描述得到图像各形状参数)和傅里叶算子法(通过对边界进行傅里叶变换得到图像各形状特征)两种。基于区域的图像形状特征提取算法主要有不变矩法(将图像内经过变换、旋转和缩放后变化不大的区域内的矩形作为图像形状特征)和小波变换算子法两种方法。在接下来的章节中将简要介绍这几种图像形状特征提取算法。

2.几种图像特征提取算法

以下主要介绍颜色特征和纹理特征的一些提取算法，对于形状特征的提取算法将在7.3节中详细介绍，主要介绍了矩形特征提取的Harr特征提取算法。

1)颜色特征的提取算法

(1)颜色直方图法：此方法得到的是各种颜色在图像中的百分比。这种方法比较适合于提取那些很难进行分割的图像的颜色特征。颜色直方图法实现过程是首先将颜色空间划分为若干个小的区间进行量化，然后再计算每个区间内的颜色像素数量就可以得到颜色直方图。一般情况下颜色空间的区间划分越细，直方图中计算量越大，对颜色的分辨力越强。

(2)颜色矩算法：由于可以利用图像的颜色矩来表示任何颜色的分布矩，并且颜色的分布主要在低阶矩中，所以通常采用颜色的一阶、二阶、三阶矩就能完全提取出图像的颜色分布特征。颜色矩算法对颜色的分辨力不高，只能达到缩小提取范围的效果，一般是将其和其他算法一起结合来提取图像颜色特征。

(3)颜色集提取法：这种方法与直方图方法比较类似。其实现过程首先是对颜色空间进行划分，然后利用色彩分割技术将图像分割为若干个区域并进行颜色的量化，最后根据各颜色的量化值得到一个二进制的图像颜色集。这种方法在处理大量的图像数据时提取速度非常快但准确性不高。

(4)颜色对提取法：颜色对方法是在改进直方图丢失颜色位置信息的基础上建立的。它借助图像子块之间颜色的邻接关系，并对颜色进行成对建模，建立两幅图像的相似性描述。这种方法虽然能对图像进行细致的查找，但是图像特征提取的过程相对比较复杂。

2)纹理特征的提取算法

(1)统计分析法：它是利用从图像像素灰度值的统计分析出发而推导出的统计量进行图像纹理特征的提取。根据特征计算时采用的统计点的数量可将统计分析法分为一阶(灰度级为 $n$，其灰度级概率分布为一阶)、二阶(同时计算两个灰度值的概率分布)和高阶统计量三种。

(2)结构分析法：通过计算图像中不同纹理基元的分布统计得到图像的所有纹理信息。最简单的结构分析方法是对纹理基元之间的位置、距离和尺寸等特征进行统计。

(3)基于局部方向的分析方法：此方法又称空间/频域法，其分析结果表示为空间局部区域在频率域的分布情况。目前最典型的实现形式是利用多通道滤波技术对图像进行分割，得到不同频率方向通道的子图像并从中得到局部特征，从而提取图像不同区域的纹理特征。

### 7.2.4　分类器训练算法

对训练数据样本提取了一系列的特征后，构成一个特征空间，接下来就要采用一些机器学习的算法进行分类器的训练。本节简要介绍了几种常用的分类器训练算法，包括决策树算法、支持向量机算法、贝叶斯学习算法、增强算法。

1. 决策树算法

决策树算法的思想是：训练过程中，把所有训练样本看作是树的根节点，选取某一组特征对所有样本进行判别，将样本分为两类或多类，对应于树的两个或多个子节点。对多个子节点递归地进行以上操作，最后形成一个分类树，树的每个叶子节点即为各训练样本所属的分类。在对测试数据进行分类时，处理过程与训练大致相似，经过决策树分类器，对数据进行层层判别，最后达到分类的目的。

决策树算法的难点是找到一个最佳的表示树深度的参数，控制计算的复杂度，避免分类器的过度拟合。

2. 支持向量机(SVM)算法

支持向量机算法是基于统计学习理论的，在学习过程中，支持向量机在特征空间中找出那些有较好区分能力的特征向量，由这些特征向量构造出一个优化的分类器，它将类与类之间的间隔最大化，具有较强的自适应性和较高的区分率。支持向量机算法的目的是找到一个可以将训练样本中数据区分开的“超平面”，这个“超平面”不仅能将两类数据正确分开，而且能使类与类之间的间隔达到最大。

支持向量机具有以下两个优点：

(1)该算法是基于风险最小化原则的，训练出的分类器具有较好的推广能力。

(2)由该算法得到的分类器是全局最优的，并且分类结果具有唯一性。

3. 贝叶斯学习算法

贝叶斯学习算法是基于概率统计理论的，通过已知的先验概率和条件概率计算待分类数据的最大后验概率，即待分类数据的分类结果，这个分类结果是一个概率数据，跟训练样本的数量有关。由于具有丰富的理论支撑，贝叶斯分类方法得到了广泛的应用。

贝叶斯学习算法的难点在于实际情况下,类别的先验概率分布和条件概率分布函数往往是未知的,为了计算它们,需要的训练样本数量要足够大,这提高了计算复杂度。

4. 增强算法

增强算法的思想是通过多次的循环训练,得到多个分类效果较好的弱分类器,将多个弱分类器以一定的权重组合成一个强分类器,这其中以 AdaBoost 算法最具有代表性,增强算法家族中大部分扩展的算法都是由 AdaBoost 算法得来的。增强算法一般基于其他基础学习算法之上,无论是决策树、支持向量机,还是贝叶斯方法,都可以对这些算法的精度和性能进行改进。

## 7.3 基于机器学习的边缘检测算法研究

人们在研究计算机视觉中的一些经典问题时,图像的边缘检测往往是第一步工作,边缘检测结果的好坏直接关系着这些问题能否得到充分解决,例如目标轮廓提取、目标的检测和跟踪等应用基本上都是图像边缘检测的后续处理,获取一幅高质量的边缘图像的重要性不言而喻。因此,本节提出基于机器学习的边缘检测算法,该算法具有较强的自适应性,无需调节阈值,并且应用领域十分广泛,很好地解决了目前所面临的问题。

本章介绍了一种基于机器学习的计算框架,用于解决计算机视觉中的一些问题,该计算框架同样适用于图像的边缘检测,把对图像的边缘检测转变为分类的问题。基于机器学习的图像边缘检测算法的主要思想是:把图像中的各像素点分为两类,一类是边缘点,一类是非边缘点,可以计算某点为边缘点的概率大小,根据这个概率的大小判断该点是属于哪一类。对于给定观测图像 $I$ 中某个像素点 $(i,j)$,用 $S(i,j)=1$ 表示该点为边缘点,计算图像块 $I_{R(i,j)}$ 的中心点 $(i,j)$ 是边缘点的概率 $p(S(i,j)|I_{R(i,j)})$,简记为 $\hat{p}(S|I)$。

该算法分为以下几个步骤:训练数据样本的创建;图像特征的选择;训

练分类器；利用训练好的分类器检测图像的边缘。

### 7.3.1　训练数据样本的创建

为了保证接下来训练的分类器是可信的、可靠的，所以训练数据的样本数量应该足够大。大量的训练数据才能为分类器的训练提供丰富的学习信息。本节算法选取 48×48 像素的图像块作为训练数据，训练数据样本分为正样本和负样本，其中正样本是指中心点为边缘点的图像块，负样本是指其他任意图像块。正样本和负样本的区分标准主要来自人工标注好边缘的图像，根据标注的图像在原始图像中选取 48×48 像素大小的图像块作为样本数据，中心点为边缘的作为正样本，其他作为负样本。由于人工标注图像边缘的工作量较大，并且每个人对边缘的理解也不一样，所以本章采用了伯克利图像分割和标注数据库中的图像作为实验数据，该数据库是免费提供给研究者使用的。图 7.4 显示了该数据库中两幅图像的原始图像和人工标注的图像。

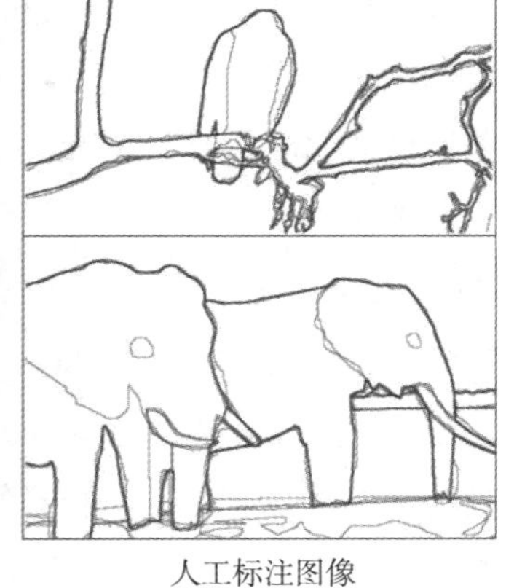

原始图像　　　　人工标注图像

**图 7.4　伯克利图像数据库人工标注图像**

根据人工标注的边缘图像，可以获取如图 7.5 所示的正样本和负样本示例，在具体实验过程中，正样本采样数量为 2000，负样本采样数量为 4000。

### 7.3.2　特征选择

在对图像中的像素点进行分类时，图像的某一特征就可以作为一个弱分类器，通过算法将多个弱分类器训练成一个强分类器，达到最终的分类目

**图 7.5　训练数据的正样本和负样本**

的。本章 7.2 节介绍了图像的颜色、纹理、形状等特征，如果要使用所有这些特征，那么要处理的数据量将是非常巨大的，同时训练强分类器的时间跨度让人难以接受。因此，如何从这个巨大的特征候选集中选取最重要、最有意义的特征，降低计算和训练的时间是整个算法的核心，这直接决定着最终的强分类器的可信度和可靠性。如果特征选择得妥当，将会提高算法在训练阶段的效率，并最终改善分类器的分类效果。

基于机器学习的图像边缘检测算法主要选取了 Harr 特征和梯度直方图(HoG)特征进行训练，由于这些特征具有普遍性，使得该边缘检测算法的应用领域非常广泛。更重要的一点是，在提取这两种特征时，保留了图像上下文等视觉信息，提高了边缘检测准确率。

1. Harr 特征

Harr 特征最初是由 Paul Viola 在其目标检测的方法中提到的，也可以称作矩形特征，它是一种类似通过 Harr 小波变换形成的图像特征。典型的 Harr 特征分为四类：边缘特征、线特征、中心特征和对角线特征，由 2 至 4 个矩形组合成特征模板，矩形有白色和黑色两种，如图 7.6 所示。定义特征模板的特征值为白色矩形和黑色矩形内部所有像素灰度值之和的差值，如图 7.6(a)和图 7.6(c)两个矩形的情况，一般是用黑色矩形内像素灰度值的和减去白色矩形内像素灰度值的和；图 7.6(b)是两个靠边的矩形内的像素灰度值总和减去中间矩形像素灰度值总和，将差值作为特征值；图 7.6(d)的特征值是两对角线上矩形各自内部像素灰度值总和的差值。

对于图像的边缘检测来说，Harr 特征是一种很重要的特征，因为在边缘附近区域不同位置的灰度值相差是比较大的。由于图像中的边缘在不同方

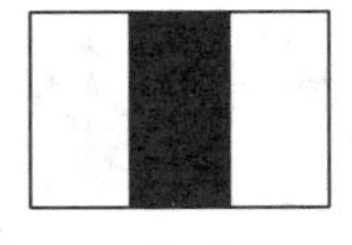

(a)边缘特征 (b)线特征 (c)中心特征 (d)对角线特征

**图 7.6 四种 Harr 特征的形状**

向上都存在，在使用图 7.6 中四种 Harr 特征时，可以通过旋转的方法得到不同位置上的 Harr 特征。

计算 Harr 特征时经常需要计算某个矩形内所有像素灰度值的总和，为了避免重复计算，采用积分图的方法加快计算速度。积分图是将图像从起点开始到各个点所形成的矩形区域像素之和保存在一个数组中，当要计算某个矩形内所有像素灰度值之和时，只需提供该矩形在数组中的索引即可，而之前计算过的矩形就不用重新计算了。在一幅用积分图表示的图像中，点 $p(i,j)$的积分值用 $p'(i,j)$表示，是原图像该点上方和左方所有像素点的灰度之和，用公式表示如下：

$$p'(i,j)=\sum_{i'<i,j'<j} p(i',j') \tag{7.5}$$

根据式(7.5)，只要知道矩形的开始点和结束点，就可以计算出任意一个矩形内像素灰度之和，并且通过对特征模板的缩放，能够计算多尺度上的 Harr 特征值，整个过程中对原始图像只进行了一次遍历，减少了计算量。

2. 梯度直方图(HoG)特征

梯度直方图特征也称作 HoG 特征，它也是一种对图像的边缘检测来说非常有效的方法，HoG 特征通过提取子图像局部区域的梯度分布，可以很好地描述目标的边缘结构，这对于检测目标的形状十分有用。计算梯度直方图特征首先将子图像划分为多个小尺寸的图像单元，根据实际需要可计算多个方向上的梯度，然后计算每个图像单元对应的梯度方向直方图。一般将梯度方向划分为 8 个方向，每个方向以 45°为间隔，图像单元个数为 3×3 个，如图 7.7 所示，通过计算各个图像单元内像素点的 8 个方向上的有向梯度，构成一组 3×3×8 维的特征向量。HoG 特征的提取方式非常灵活，不仅可以提取不同尺度上的特征，还可以统计多个方向上的直方图。

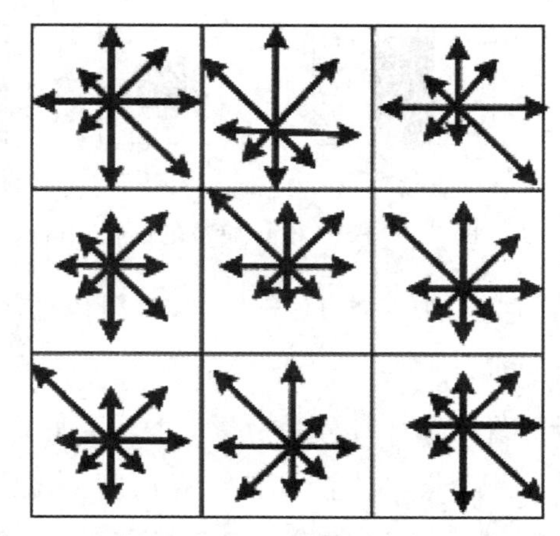

图 7.7 计算 HoG 特征的图像表示

### 7.3.3 基于增强算法(Boosting)和决策树的强分类器的训练

对 7.3.2 节提供的训练样本,包括正样本和负样本,分别提取它们的 Harr 特征和梯度直方图特征,得到一组高维的特征向量。面对如此高维的特征数据,7.2.4 节介绍了一些训练分类器的算法,例如 PCA(主成分分析)、LDA(线性判别法)、决策树(DecisionTree)、增强算法等。虽然增强算法在数据降维方面具有一定的优势,且分类的准确率也较高,但是本节在利用增强算法系列中的代表算法——AdaBoost 进行实验时,得到的效果并不理想,主要表现在提高了检测边缘的准确率的同时,检测错误率也较高,即边缘误检现象比较严重。为了降低边缘检测错误率,使边缘图像更加简洁真实,采用了将增强算法和决策树算法相结合的方法,获得了比较理想的结果,如本小节中图 7.8 所示。下面分别介绍 AdaBoost 算法和结合决策树改进的 AdaBoost 算法。

1. 基于 AdaBoost 算法分类器的训练

增强算法的主要方式是将多个弱分类器进行多次的筛选,最后将得到的一组弱分类器组合在一起构成一个强分类器。增强算法有许多不同的系列,其中 AdaBoost 算法最具代表意义,意为自适应增强,即 Adaptive Boosting。

AdaBoost算法是通过调整数据样本的权重来实现的，相当于调整数据样本的分布情况。对 $N$ 个训练样本，该算法根据每个样本对应的弱分类器 $h_i(x)(i=1,2,\cdots,N)$，判断分类是否正确，以及上一次的分类准确率。对于分类错误的样本，加大其权重，反之降低其权重。刚开始时假设每个样本的权重都是相等的，此时的弱分类器为 $h_1(x)$，通过上面的方法调整各样本的权重，得到一个新的弱分类器 $h_2(x)$。经过 $T$ 次这样的循环，分类较准确的一些样本被突显出来，在构造最终的强分类器时，加大分类准确率较高的弱分类器的权重，将得到的 $T$ 个弱分类器进行累加。

利用AdaBoost算法进行分类器训练的方法可以简述为：对于给定的源图像和人工标注的边缘图像，获取训练样本集 $\{(x_1,y_1),(x_2,y_2),\cdots,(x_i,y_i)$，其中 $x_i$ 表示第 $i$ 个样本的特征向量，$y_i$ 表示类别标志，$y_i\in(-1,+1)$。$x_i,y_i$ 分别对应非边缘点和边缘点两类。假设样本 $x_i$ 的特征向量中有 $k$ 个特征 $\{f^1(x_i),f^2(x_i),\cdots,f^k(x_i)\}$，定义该样本所有特征中错误率最低的分类器 $h_j(x)$ 作为训练出的弱分类器。经过 $T$ 次循环，最终的目标就是要找到最优的 $T$ 个弱分类器，赋予不同的权重组成一个强分类器 $H(x)$。

利用AdaBoost算法训练分类器的步骤描述如下：

首先对给定的训练数据样本集 $\{(x_1,y_1),(x_2,y_2),\cdots,(x_i,y_i)\}$，初始化权重 $\omega_i(i)=\frac{1}{m},i=1,2,\cdots,m$。

其次进行 $T$ 次循环，For$t=1,2,\cdots,T$。

(1) 利用权重 $\omega_t(i)$ 训练弱分类器 $h_t(x)$。对样本的每个特征计算分类误差 $\varepsilon_t=\sum\omega_i[h_i(x_i)\neq y_i]$，找出误差 $\varepsilon_t$ 最小的弱分类器 $h_t(x)$，加入到强分类器中。

(2) 计算权重更新中的参数 $\alpha_t=\frac{1}{2}\ln\left(\frac{1-\varepsilon_t}{\varepsilon_t}\right)$。

(3) 更新权重：$\omega_{t+1}(i)=\frac{\omega_t(i)}{Z_t}\exp[-\alpha_t y_i h_t(x_i)]$，当分类正确时，该式

为 $\omega_{t+1}(i)=\frac{\omega_t(i)}{Z_t}\exp(-\alpha_t)$，被错误分类时 $\omega_{t+1}(i)=\frac{\omega_t(i)}{Z_t}\exp(\alpha_t)$，其中 $Z_t$ 是一个归一化系数，使得 $\omega_{t+1}(i)$ 为一概率分布。

最后得到强分类器 $H(x)\text{sign}\left[\sum_{t=1}^{T}\alpha_t h_t(x)\right]$。

采用 AdaBoost 算法训练的强分类器的性能总是比单一弱分类器要好，然而要使分类器达到理想的分类效果必须满足一个前提条件，那就是确保找到的弱分类器比随机猜测的结果要好，只有这样才能提高强分类器的准确率，实际情况中找到满足前提条件的弱分类器是很困难的。更加糟糕的是，根据 AdaBoost 算法的思想，分类错误的样本在下一次循环中的权重将增大，如果在前几次循环过程中使重要样本的权值迭代错误，经过多次循环后得到的强分类器的效果将大打折扣。为了提高分类准确率和降低计算量，采用合而治之的方法，将 AdaBoost 算法和决策树算法相结合对分类器的训练进行改进。

2. 基于改进 AdaBoost 算法的分类器的训练

决策树算法是一种归纳学习算法，它从一组无序、无规则的样本数据中训练出一种树形表示的分类规则，对两类分类问题，训练出来的决策树是一棵二叉树。这里提到的基于改进的 AdaBoost 算法就是将决策树的思想加入原来的算法当中，对所有训练样本递归进行训练，得到一棵二叉树，将原来混合在一起的边缘点和非边缘点分开，这样树的每个叶子节点上的数据要么是边缘点，要么是非边缘点。对每个节点上的数据通过 AdaBoost 算法训练得到一个强分类器，将树分为左子树和右子树，从根节点开始进行递归操作。由于决策树算法的引入，训练数据样本 $S$ 被分为两个新的样本集，即 $S_{\text{left}}$ 和 $S_{\text{right}}$，分别对应于二叉树中的左子树和右子树。图 7.8 显示了基于 AdaBoost 算法的决策树的训练过程，用符号 ○ 和 × 表示要分类的两类对象，从图中可以看出训练数据是怎样被一步一步分开的。

在计算过程中定义以下参数：左子树上的样本集 $S_{\text{left}}$ 表示负样本，右子树上的样本集 $S_{\text{right}}$ 表示正样本，$q(+1 \mid x_i)$ 表示样本 $x_i$ 为正样本的概率，

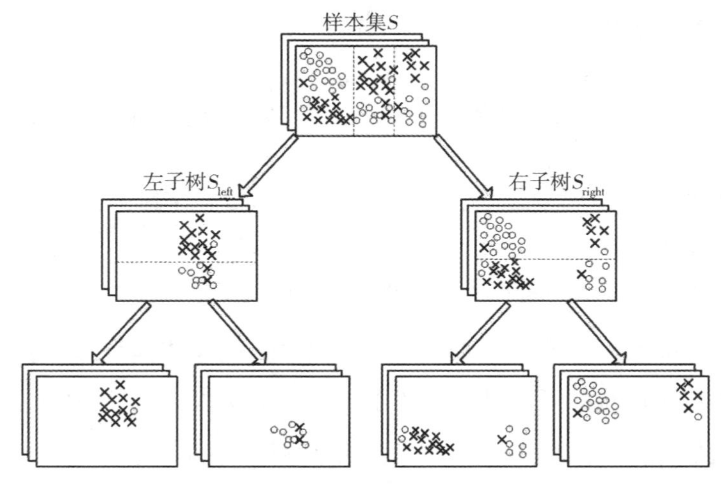


**图 7.8　基于 AdaBoost 的决策树训练过程示意图**

$q(-1 \mid x_i)$表示样本$x_i$，为负样本的概率。控制概率大小的参数$\sigma$，当$q(+1 \mid x_i) > \frac{1}{2} + \sigma$，将该样本加入$S_{\text{right}}$中；当$q(-1 \mid x_i) > \frac{1}{2} + \sigma$，将该样本加入到$S_{\text{left}}$中。在这里将参数$\sigma$的值设置为 0.1 就可以得到较好的分类结果。

利用决策树改进后的算法分类器训练步骤如下：

(1) 对于给定的训练数据样本集$S = \{(x_i, y_i, \omega_i), \cdots, (x_m, y_m, \omega_m)\}$，$x_i$表示第$i$个样本的特征向量，$y_i \in (-1, +1)$，$\sum_i \omega_i = 1$。初始化决策树的深度为$D$。

(2) 计算样本集$S$的先验分布$\hat{q}(y) = \sum_{i=1}^{m} \omega_i \delta(y_i = y)$。

(3) 对样本集$S$利用 AdaBoost 算法训练出一个强分类器，这个强分类器可以通过上一节得到，如果错误率$\varepsilon_t > 0.45$，退出递归。

(4) 如果决策树的深度超过$D$，退出递归。

(5) 初始化两个空的样本集$S_{\text{left}}$和$S_{\text{right}}$。

(6) 对每一个样本$x_i$，通过步骤 3 得到的分类器，计算其概率$q(+1 \mid x_i)$和$q(-1 \mid x_i)$。

(7) 判断步骤 6 中概率大小，如果 $q(+1 \mid x_i) > \frac{1}{2} + \sigma$，将样本 $(x_i, y_i, 1)$ 加入到 $S_{\text{right}}$；如果 $q(-1 \mid x_i) > \frac{1}{2} + \sigma$，将样本 $(x_i, y_i, 1)$ 加入到 $S_{\text{left}}$；否则将 $(x_i, y_i, q(+1 \mid x_i))$ 加入到 $S_{\text{right}}$，$(x_i, y_i, q(-1 \mid x_i))$ 加入到 $S_{\text{left}}$。

(8) 更新 $S_{\text{left}}$ 中所有样本的权重，返回到步骤 2 递归执行。

(9) 更新 $S_{\text{right}}$ 中所有样本的权重，返回到步骤 2 递归执行。

通过以上的步骤可以得到一棵用于分类的决策树，训练的数据包括中心点为边缘点的图像块以及其他图像块，训练的目的是得到一个强分类器将这两类图像分开。对于一幅待检测图像，获取同样大小的图像块，输入上面得到的强分类器，计算每个图像块中心是否为边缘点的概率 $p(S(i,j) \mid I_{R(i,j)})$。对于一棵训练好的决策树，递归地计算每个图像块的后验概率 $\tilde{p}(S \mid I)$，其中 $S \in (-1, +1)$。对于叶子节点，$\tilde{p}(S \mid I) = \tilde{q}(S)$，而其他节点上 $\tilde{p}(S \mid I)$ 的计算则要进行递归计算，表达式如下：

$$\tilde{p}(S \mid I) = q(+1 \mid I)\tilde{p}_{\mathrm{R}}(S \mid I) + q(-1 \mid I)\tilde{p}_{\mathrm{L}}(S \mid I) \tag{7.6}$$

式(7.6)中，$q(+1 \mid I)$ 和 $q(-1 \mid I)$ 分别表示图像块 $I_{R(i,j)}$ 中心为边缘点和非边缘点的后验概率，而 $\tilde{p}_{\mathrm{L}}(S \mid I)$ 和 $\tilde{p}_{\mathrm{R}}(S \mid I)$ 分别表示左子树和右子树的后验概率。与训练的过程相似，从根节点开始，分别计算 $q(+1 \mid I)$ 和 $q(-1 \mid I)$，判断图像块是属于左子树还是右子树中，每到一个节点选择一次，而不用遍历整棵树，提高了计算速度。

### 7.3.4 实验结果

基于机器学习的边缘检测算法得到的图像是边缘概率图像，图像中灰度越深的地方为边缘的可能性越大。图 7.9 列出了一些实验结果，分别是 Canny 边缘检测结果、基于中层视觉信息的边缘检测结果、基于机器学习的边缘检测结果，比较这些结果可以看出，尽管本节提出的基于机器学习的边缘检测算法得到的结果边缘线条比较粗，但是从视觉感受上看，这个结果更能让人接受。原因是得到的边缘图像是一个概率图像,符合人的视觉感受,也验证了选取人工标注的边缘图像作为训练数据的正确性。对边缘图像进行归一化后,去除掉灰度颜色较浅的部分,得到的边缘图像将更加简洁和准确,通过这种方法,降低了边缘的误检率。除此之外,基于机器学习的图像边缘检测算法不需要调节任何自定义参数或阈值,具有很强的自适应性,应用范围也十分广阔。

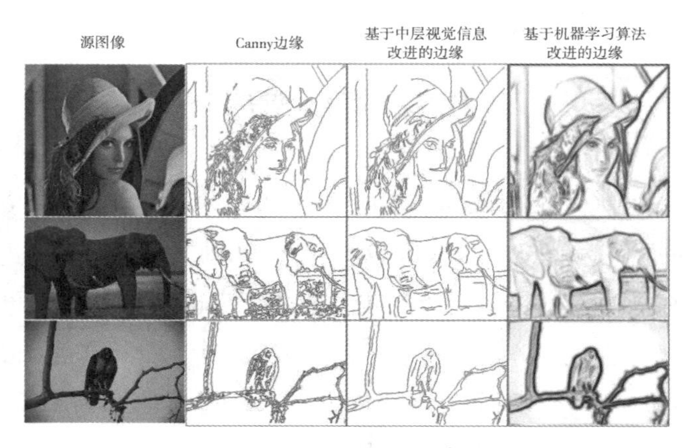


**图 7.9　实验结果比较**

# 第8章　基于图像融合的目标识别与检测技术的应用研究

## 8.1　案例背景

人们对于图像识别技术的研究始于20世纪60年代，它的含义是利用计算机对图像进行处理，从中提取所需的信息，以利于人们对事物进行识别与描述，这一概念属于模式识别的范畴。传统的目标识别是基于单传感器图像的，随着多传感器图像融合技术的深入发展，其在目标识别、跟踪等方面的应用也越来越广泛。而通过融合来自多个传感器的遥感图像，能把各个传感器的优点结合，尽可能多地利用它们在空间和时间上的冗余和互补，提高对图像信息分析和提取的能力。在对遥感图像的理解中，图像的目标检测是图像识别与分析的基础及条件，它在地球遥感图像分析、军事目标识别、军事侦察等多个领域都有着非常重要的应用。例如，在军事侦察中，对雷达图像、红外图像以及可见光进行目标检测，并从中获取有价值的图像信息。但是在遥感成像的系统中，受到信噪比、成像系统的传递函数和分辨极限等多个方面的限制，致使图像不够清楚。此外，还有一些遥感图像因为背景复杂，或目标相对较小，使得目的检测变得很困难。因此可以通过将不同的遥感图像进行融合从而得到新的融合图像，在这个基础上进行目标检测会得到较好的效果。

### 8.1.1　目标识别研究意义

目标识别技术在军事、遥感、机器人视觉、医学成像等领域有广泛应用前景。事实上，在我们的日常生活中已随处可见目标识别技术的应用，例如：数码相机的人脸锁定功能，可以在相机移动时也能锁定人脸，以便拍出更准确精良的照片；在门禁系统中应用到的指纹识别、虹膜识别、人脸识别等对于提高安全性非常有效。

随着数字计算机的出现和发展，机器进行数值计算的速度远远超过人脑。但是，即使是一项简单的模式识别任务对于计算机也是相当复杂的，更不要说一项复杂的模式识别任务，因此从某种意义来说，计算机模式识别的能力虽然有着巨大的使用价值，但是囿于技术限制，任重而道远。

### 8.1.2　目标识别技术的研究现状及前景

图像识别技术发展至今已有六十年的历史，简单地说，目标检测与识别的主要目的就在于确定视野中是否存在感兴趣的物体，并尽可能多地检测到目标点。

遥感是目前能够提供全球范围动态数据的唯一方法，其时间上的序列性和空间上的连续性，使得它在航天、航空、灾害预报、军事侦察这些民用及军事领域都有着举足轻重的地位。例如，在军事侦察中，对拍摄到的红外图像、可见光图像、雷达图像，首先要进行目标检测才能获得有价值的信息；在对植被覆盖面的遥感图像分析后，可得出某区域不同植被种类的分布及病虫害情况。当然，有一些遥感图像由于背景很复杂，或者目标太小而干扰较多，使得目标识别与检测的工作变得更加困难。

目标识别与检测技术存在着一个很大的问题，就是目标的误判及漏判，其主要原因是单个传感器对于目标的描述还不够全面，无法提供识别所需的足够信息。为了解决这个问题，多传感器图像融合方法自然就被运用于此，通过融合来自不同传感器或者一个传感器的多个遥感图像，能够有效地把各个传感器或各幅遥感图像的优点结合起来，充分地利用它们在时间及空间上的冗余与互补，以提高对图像信息的分析和提取能力。

## 8.2　遥感图像融合效果评价方法的研究

### 8.2.1　图像融合方法

在对遥感图像融合技术的研究中，很多融合方法已经被应用，但如何衡量融合图像的好坏，笔者认为应该遵循以下的原则：

(1)融合图像不应该有虚假的信息,以免妨碍人眼的识别。

(2)融合图像应该尽可能地包含所有源图像中能被人们利用的信息,图像的色彩信息和纹理信息也不能被破坏,这样才能获得一个有空间信息和光谱信息的图像。

(3)前期预处理的结果不太好的情况下,算法依然保持稳定性和可靠性。也就是说,无论在什么条件下,算法的性能都没有剧烈变化。

(4)融合算法应该使融合图像的噪声程度降到最小。

事实上,遥感融合图像的好坏包含三重含义,分别是图像的可分辨性、可检测性和可量测性。图像的可分辨性指的是图像能分辨两个微小物体反差的能力;图像的可检测性和可分辨性一起被称为图像的构像质量;图像的可量测性则表示图像恢复到被检测物体形状的能力,几何质量的评定较简单、直观,图像构像质量的评定则较复杂。在目前对融合效果的评价还未系统化,因此,本章将对遥感图像融合效果的评价做一个系统而全面的研究。

图像融合技术指的是关于同一目标图像,采用多源信道,并提取各自信道的信息,最后合成同一图像以供进一步地处理。近些年来,图像融合技术已经成为计算机视觉和图像理解领域中一项重要的新技术。它是一种对信息进行综合处理的技术,其主要目的是通过处理多幅图像冗余数据从而提高图像的可靠性,同时通过处理多幅图像的互补信息提高图像的清晰度。好的融合方法可以根据需要处理多源通道的信息,从而提高系统对目标探测及识别的可靠性、图像信息的利用率,以及系统的自动化程度。这样做的目的是将单一传感器的波段信息或者不同传感器所提供的信息综合起来,以消除多传感器信息的矛盾和冗余,对目标信息进行更完整、准确、清晰的描述。以上优点使得图像融合在遥感、医学等领域的应用潜力得以充分发挥,并仍在不断挖掘当中。

图像融合一般由低到高分为三个层次,分别是像素级融合、特征级融合、决策级融合。如图 8.1 所示,三个层次的融合并不是独立分开的,而是交错进行的,选择好的融合方法是根据具体情况来判断。通常融合的策略都是由低到高,在经过像素级融合并得到可供更高一级融合所需要的信息后,再进入更高层次的融合。

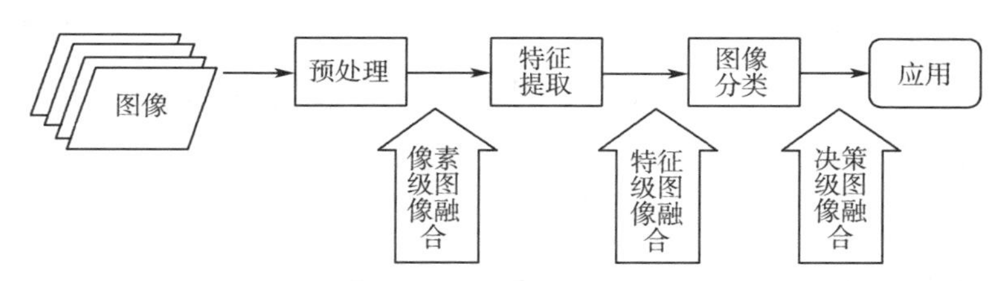


**图 8.1　图像融合的三个层次**

像素级融合是图像融合的基础，它指的是对传感器采集来的数据进行处理并获得融合图像的过程，它是图像融合的一个重点。它的优点是尽量保持原始数据，提供其他层次上的融合处理所不具有的精确、可靠、丰富的信息。像素级融合包括变换域算法和空间域算法，其中，变化域算法中有金字塔分解融合法和目前最为常用的小波变换法等；空间域算法包括多种融合方法，如灰度加权平均法、逻辑滤波法等。像素级融合的过程可分四个步骤：

①预处理；

②变换；

③综合；

④重构图像。

特征级融合指的是提取各个图像主要特征的似然率，并将其特征合成的方法。这一方法能保证不同图像所包含信息的特征，例如，可见光对于对象亮度的表征、红外光对对象热量的表征等。经过对多源遥感图像预处理后，并对图像数据进行特征提取，再按照图像上相同类型的特征进行融合处理，得到新的融合图像，为目标的检测、估计提供了依据。特征空间经过特征级融合处理后，其数据量与原来图像数据相比大为减少，这样就有效地提高了数据的传输和处理速率，从而更有效地进行数据的实时处理。

决策级融合是模拟人的分析、推理、识别的思维过程，同时也可采用人工智能、模糊技术和神经网络等技术进行融合处理。另外也有一些方法，如表决法、D-S 证据法和贝叶斯法等。决策级融合是信息表示的最高层次的图像融合，因为它是对来自不同图像信息进行逻辑或统计推理的过程。在进行图像融合前，首先对从各传感器获得的图像进行预处理、特征提取、识别或判断，从而建立一个初步的结论，然后对来自各传感器的决策进行处理，最后进行决策级的处理并获得联合判决。如果传感器的信号表示形式差异大，或者涉及图像的不同区域，这时决策级融合有可能是融合多图像信息唯一的方法。决策级融合的另外一个优点就是良好的容错性，即当一个或几个传感器同时失去作用的时候，仍然能给出正确的决策。

综上所述，不同的融合层次的特性不同，所能提供的信息和所采用的技术不同，得出的结果也不尽相同，各个层次的融合都具有不同的优点。因此，在实际的应用中，应根据具体应用问题和融合过程来选择适当的融合算法，并以此构建适合的融合结构。

### 8.2.2 主观融合效果评定法

对于同一个对象，采用不同的融合方法可以得到不同的融合效果，即不同的融合图像，那么如何评价融合效果和质量就成为图像融合的一个非常重要的步骤。图像质量的含义通常包括两个方面，分别是图像的可懂度和图像的逼真度。图像的可懂度表示图像为人们提供信息的能力；图像的逼真度则用来表示“标准图像”与被评价图像的偏离程度。当然，我们的理想是能够找到图像可懂度和逼真度的一个定性定量的方法，作为评价图像质量的科学有效的依据。但由于人的视觉系统的主观性以及生理特征，完全客观评价图像的方法难度很大。

对于融合图像质量的评价方法通常可分为两类：主观评价法与客观评价法。主观评价法是观察者通过对大量实验和数据的观察所积累的经验为依据，来对融合图像进行主观评价，是一种观察者直接用肉眼对融合图像质量进行评估的方法，具有直观、简单的优点。但是，主观评价法也与很多因素有关，例如图像本身的特性、观察者的经验爱好、所选图像的内容，以及对比度、观看距离和光照等观察条件，这些因素都造成了主观评价法难以把握的特性。

融合图像质量的评价离不开视觉评价，但由于人的视觉对图像上的各种差异并不敏感，图像对于视觉的冲击取决于观察者，因此，具有不全面性和主观性。通常使用主观与客观相结合的方法进行综合的评价，在主观评价的基础上进行客观定量的评价。

### 8.2.3　客观融合效果评定法

对于遥感融合图像的另一种评价方法是客观评价法，由于主观评价法的片面性，经不起反复的检查，当观察条件发生变化的时候，评价的结论也不同。因此，一些不受影响的定量的客观评价方法就被用于对融合质量进行评价。

1. 融合图像质量常用客观评价标准

对融合图像效果一般采用平均梯度、标准差、均值、熵等这些评价标准进行质量评价。下面对这些指标进行详细说明。

1）图像均值

图像均值对于人眼的直观反映是平均亮度，是像素的灰度平均值，其定义是：

$$\overline{Z}=\frac{\sum_{i=1}^{n}\sum_{j=1}^{n}Z(x_i,y_j)}{M\times N} \tag{8.1}$$

图像均值可用来评价多光谱图像融合前后的光谱变化。

2）标准差

标准差可以用来表示图像反差的大小，也反映了图像灰度对于灰度平均值的离散情况，如果标准差小，则图像对比度不大，图像反差小，色调均匀单一，看不出太多信息；如果标准差大，即图像灰度级分布分散，图像的反差大，可以看到很多信息。标准差的定义如下：

$$\sigma=\sqrt{\sum_{i=1}^{n}\sum_{j=1}^{n}(Z)(x_iy_y)-\bar{z})/(M\times N)} \tag{8.2}$$

3）熵

熵是用来衡量图像所含信息是否丰富的一个重要指标。熵值越大，那么所包含的信息量就越大。在某种程度上来说，希望融合图像的熵值大就表示融合的效果好。若一幅图像的灰度分布为 $P=\{p_0,p_1,p_i,\cdots,p_{l-1}\}$，其中，$p_i$ 表示灰度值，为 $i$ 的像素数和图像总像素之比。图像的信息量在融合前后一定会发生改变，那么熵就可以表示图像所含信息在融合前后的变化。根据香农信息论，一幅图像的熵定义如下：

$$E=\sum_{i=0}^{L-1}p_i\log_2 p_i(\text{bit}) \tag{8.3}$$

另外，还有一些指标也可以用来评定融合图像的融合质量，例如图像均值、平均梯度、空间频率等。

2.融合图像与源图像关系的融合效果评定法

假设有两幅源图像 $A$ 与 $B$，它们的图像函数为 $A(x,y)$，$B(x,y)$，其融合图像为 $F$，图像函数为 $F(x,y)$，图像的行数和列数为 $M$、$N$，$L$ 为图像的总灰度级，所有图像大小都相同。

1）交互信息量

交互信息量用来度量一个变量包含另一变量信息量的多少，也可以用来度量两个变量相关性，它是信息论中一个非常重要的概念。这里用交互信息量来衡量源图像与融合图像的交互信息，用来评价融合质量，用 $\text{MI}_{FA}$ 和 $\text{MI}_{FB}$ 来表示源图像 $A$、$B$ 与融合图像 $F$ 的交互信息量。其定义如下：

$$\text{MI}_{FA}=\sum_{k=0}^{L-1}\sum_{i=0}^{L-1}p_{FA}(k,i)\log_2\frac{p_{FA}(k,i)}{p_F(k)p_A(i)} \tag{8.4}$$

$$\text{MI}_{FB}=\sum_{k=0}^{L-1}\sum_{j=0}^{L-1}p_{FB}(k,j)\log_2\frac{p_{FB}(k,j)}{p_F(k)p_B(j)} \tag{8.5}$$

式(8.4)与式(8.5)中，$p_{FA}(k,i)$ 和 $p_{FB}(k,j)$ 代表联合概率密度；$p_A$、$p_B$ 和 $p_F$ 代表 $A$、$B$ 和 $F$ 的概率密度，取 $\text{MI}_F^{AB}=\text{MI}_{FA}+\text{MI}_{FB}$ 表示融合图像包括源图像 $A$ 与 $B$ 交互信息量之和。交互信息量越大，说明融合效果越好，即从源图像获取的信息就越多，因此，交互信息量可以用来作为融合效果好坏的标准之一。

我们将另一种融合图像与源图像间的交互信息量 $\text{MI}_{FAB}$ 定义为：

$$\text{MI}_{FAB}=\sum_{k=0}^{L-1}\sum_{i=0}^{L-1}\sum_{j=0}^{L-1}p_{FAB}(k,i,j)\log_2\frac{p_{FAB}(k,i,j)}{p_{AB}(i,j)p_F(k)} \tag{8.6}$$

式(8.6)中，$p_{AB}(i,j)$ 指的是源图像 $A$、$B$ 的归一化联合灰度直方图，$p_{FAB}(k,i,j)$ 表示融合图像 $F$ 与源图像 $A$、$B$ 的归一化联合灰度直方图。

2）交叉熵

假设 $q=\{q_0,q_1,q_i,\cdots,q_{L-1}\}$，$p=\{p_0,p_1,p_i,\cdots,p_{L-1}\}$，$p$ 与 $q$ 表示两幅图像的灰度分布，交叉熵定义如下：

$$C=\sum_{i=0}^{L-1} p_i \log_2 \frac{p_i}{q_i} \tag{8.7}$$

通常，用 $C_{FA}$ 表示融合图像 $F$ 与源图像 $A$ 的交叉熵，$C_{FB}$ 表示融合图像 $F$ 与源图像 $B$ 的交叉熵，那么源图像与融合图像的综合交叉熵为 $\bar{C}_{FAB}=(C_{FA}+C_{FB})/2$。交叉熵是评判两幅图像差别的一个非常重要的指标，源图像与融合图像求交叉熵，值越小，表示两幅图像的差异越小，说明融合效果越好，这种融合方法提取的信息量就越多。

3）偏差与相对偏差

偏差指的是融合图像的像素灰度平均值与源图像的像素灰度平均值之差，也可称其为图像光谱扭曲值，其定义如下：

$$D=\frac{1}{M \times N} \sum_{i=1}^{M} \sum_{j=1}^{N} | F(x_i, y_i)-A(x_i, y_i) | \tag{8.8}$$

偏差值反映了源图像与融合图像光谱特性的变化程度以及光谱信息的差异，偏差越小说明差异就越小，当偏差值为零时，是最为理想的情况。

相对偏差表示的是融合图像各像素灰度值与源图像相应像素灰度值之差的绝对值，与源图像像素灰度值之比的平均值，它的表示式如下：

$$D_r=\frac{1}{M \times N} \sum_{i=1}^{M} \sum_{j=1}^{N} \frac{| F(x_i, y_i)-A(x_i, y_i) |}{A(x_i, y_i)} \tag{8.9}$$

相对偏差值通常用来表示将源空间分辨率图像的各种细节传递给融合图像的情况，也可以表示源图像和融合图像在光谱信息上匹配的程度。一般取图像与融合图像的偏差和相对偏差的平均值来进行分析。

4）联合熵

联合熵是信息论中的一个重要概念，用来反映两幅图像相关性的量度，同时也反映了两幅图像间的联系信息，其定义如下：

$$\mathrm{UE}_{FA}=-\sum_{k=0}^{L-1} \sum_{i=0}^{L-1} p_{FA}(k, i) \log_2 p_{FA}(k, i) \tag{8.10}$$

式 8.10 中，$p_{FA}(k, i)$ 表示的是两组图像的联合概率密度。通常联合熵越大，说明图像包括的信息就越丰富，所以可以用这一概念来衡量融合图像信息增长的情况。

当需要求三幅图像或者更多图像的联合熵时，可用以下公式：

$$\mathrm{UE}_{FAB}=-\sum_{k=0}^{L-1}\sum_{i=0}^{L-1}\sum_{j=0}^{L-1}p_{FAB}(k,i,j)\log_2 p_{FAB}(k,i,j) \tag{8.11}$$

其中，$p_{FAB}(k,i,j)$ 表示的就是三幅图像的联合概率密度。

5）相关系数

通常用相关系数来表示融合图像与源图像之间光谱特征的相似程度。相关系数的具体定义为：

$$\rho_{FA}=\frac{\sum_{i=1}^{M}\sum_{j=1}^{N}[F(x_i,y_j)-\bar{f}][A(x_i,y_j)-\bar{a}]}{\sum_{i=1}^{M}\sum_{j=1}^{N}[F(x_i,y_j)-\bar{f}]^2[A(x_i,y_j)-\bar{a}]^2} \tag{8.12}$$

3. 融合图像与参考图像关系的评定方法

设标准参考图像为 $R$，它的图像函数为 $R(x,y)$，融合图像为 $F$，图像函数为 $F(x,y)$，图像的行数与列数为 $M$ 和 $N$，图像灰度级用 $L$ 来表示。以下标准可用作根据融合图像与参考图像之间关系来对融合质量做评定。

1）均方根误差

我们希望融合后的图像与标准的参考图像之间差异越小越好，这就表明融合效果好，均方根误差就是用来表明这两者之间差异的，其具体定义如下：

$$RMSE=\sqrt{\frac{\sum_{i=1}^{M}\sum_{j=1}^{N}[R(x_i,y_j)-F(x_i,y_j)]^2}{M\times N}} \tag{8.13}$$

2）信噪比和峰值信噪比

噪声是用来比较参考图像与融合图像差异的常用标准，去噪效果的好坏取决于信息量的变化、噪声抑制情况、图像均值是否提高、边缘信息有无得到保留。所谓信息即标准参考图像。融合图像的信噪比定义如下：

$$SNR=10\times\lg\frac{\sum_{i=1}^{M}\sum_{j=1}^{N}F(x_i,y_j)^2}{\sum_{i=1}^{M}\sum_{j=1}^{N}[R(x_i,y_j)-F(x_i,y_j)]^2} \tag{8.14}$$

峰值信噪比的定义如下：

$$PSNR = 10 \times \lg \frac{MN\{\max[F(x,y)] - \min[F(x,y)]\}}{\sum_{i=1}^{M}\sum_{j=1}^{N}[R(x_i,y_j) - F(x_i,y_j)]^2} \tag{8.15}$$

以上两种方法都需要有参考图像，通过参考图像与融合图像的对比来评价融合图像的质量，但由于参考图像不容易获取，所以这种方法也有一定的局限性。

4.评价指标的选取

通常，我们可以根据融合图像质量与客观评价指标之间的关系，将这些指标分为“越小越优型”“越大越优型”与“适当型”。如表8.1所示：

**表8.1　融合图像质量与客观评价指标之间的关系**

| 越小越优型 | 越大越优型 | 适当型 |
| --- | --- | --- |
| 偏差度 | 标准差 | 均值 |
| 标准偏差 | 熵 | |
| 交叉熵 | 相关系数 | |
| 偏差熵 | 信噪比 | |
| 均方误差 | 峰值信噪比 | |
| | 平均梯度 | |

另外，评价标准的选取一方面可以按照融合目的来进行选取，另一方面可根据对比使用不同融合方法后的融合图像来选取。

根据融合目的来选取的情况：

1）增加信息量

进行图像融合的一个重要目的之一就是增加信息量，进行图像融合本身也是增加信息量的一种方法。我们通常都用交互信息量、交叉熵、联合熵、熵等指标来评价信息量是否增加。

2）提高分辨率

图像融合的另一目的是提高图像的空间分辨率，通常采用高频分量、标准差等指标进行评价。

3）提高清晰度

评价图像的质量、纹理、细节信息以及其他图像原有信息是否保持，通常可采用空间频率、平均梯度等评价指标。

4）降低图像噪声

从传感器得到的图像都是有噪声的，采用融合的方法可以将噪声控制在一定的范围内。通常，采用信噪比和峰值信噪比这两个指标来判断降噪的效果。

5）融合方法效果比较

对同一组图像进行不同方法的融合，得到不同的融合结果，此时可选取交叉熵、交互信息量、均方根误差等评价方法。

6）光谱性质

比较源图像与融合图像的光谱特性可采用相关系数、相对偏差和偏差等指标。

### 8.2.4 实验分析

通过以下实验可以验证上述融合质量的评价方法。在图 8.2 中，图(a)是可见光图像，图(b)是红外图像，两幅源图像都是 256 级灰度的图像，空间分辨率分别为 1 米和 5 米。可以看出，由于它们的分辨率和成像机理的差异，两幅图像的区别很大。而图(c)、(d)、(e)是使用不同的融合方法产生的融合图像。

单凭人的主观视觉来判断，可以看出，图(c)的融合效果最差，图(e)的融合效果要比图(c)、(d)好，说明图(e)采用的融合方法能够更好地保留源图像的信息，并将图像细节融合在一起。

在这里，选择计算图像的平均梯度和信息熵来判断融合图像的清晰度和信息量的变化程度，我们还计算出交互信息量来判断融合图像获取到的信息，另外，还通过计算源图像与融合图像的相关系数和联合熵，来对两者的相互关系进行比较。通过用以上这些标准进行计算，可以更清晰直观地看出关于融合效果评价指标与融合质量的关系。

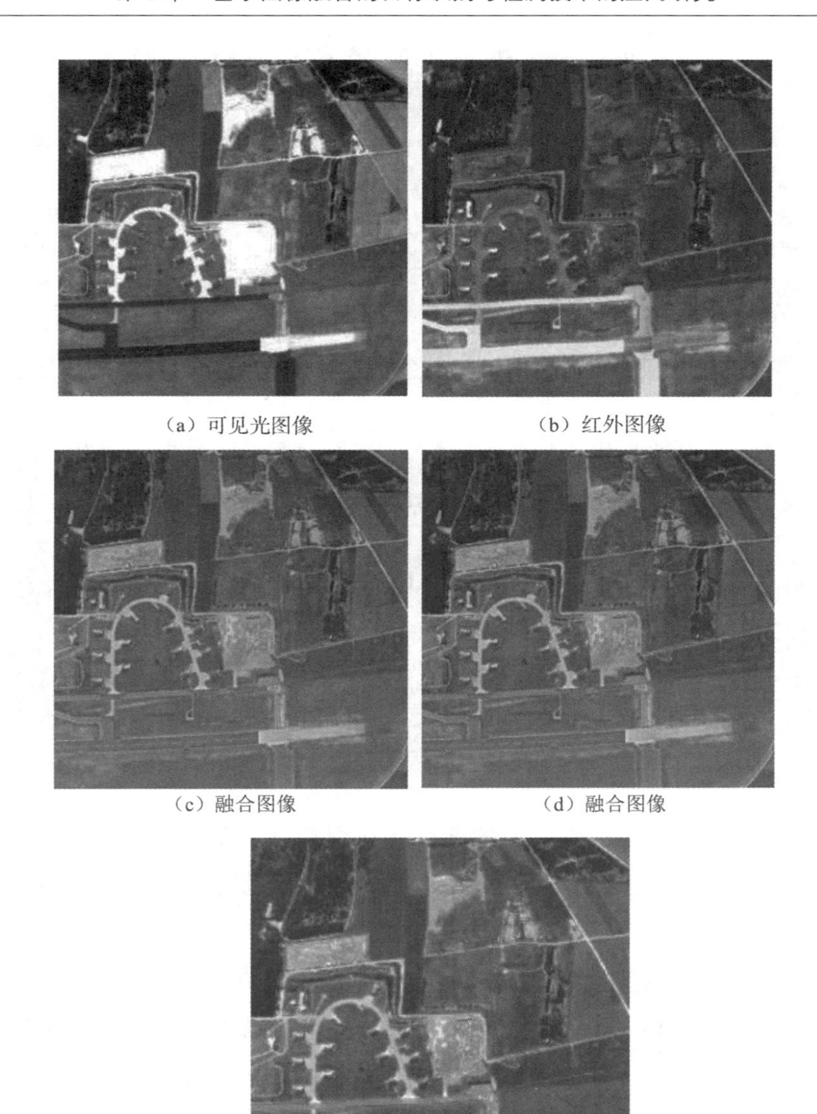

（a）可见光图像　（b）红外图像

（c）融合图像　（d）融合图像

（e）融合图像

**图 8.2　源图像和融合图像**

表 8.2 是图 8.2 各个融合图像的客观评价参数计算结果。

**表 8.2**

| 计算结果 | 融合图像 | | |
|---|---|---|---|
| | 图(c) | 图(d) | 图(e) |
| 平均梯度 | 6.203 | 10.471 | 11.061 |
| 信息熵 | 6.758 | 6.901 | 7.210 |
| 交互信息量 | 2.579 | 2.760 | 3.059 |
| 相关系数 | 0.7011 | 0.7249 | 0.7393 |
| 联合熵 | 25.361 | 25.901 | 26.410 |

从上述实验数据中可以看到，图(e)的各个参数指标都要比图(c)和图(d)高，充分说明图(e)保留了最多源图像的信息，它的融合效果要优于另外两个。这和我们主观观察的结果也是一致的。所以，客观的评价方法离不开主观的评价方法，对于融合图像效果的评价上，应使用主观定性和客观定量相结合的方法。

## 8.3 基于图像融合的目标识别与应用研究

由于实际应用中产生的图像通常存在着背景复杂、目标相对较小或不清晰等问题，导致对这类图像进行目标检测存在较大的难度。采用图像融合技术对来自多个传感器获取的图像进行加工、融合可以获得 1+1>2 的效果，大大地提高了对这类图像进行目标识别的精确性。特别是对于在航天、航空、灾害预报和军事侦察中有着重要应用的遥感图像，由于其受到外界环境干扰、成像系统的传递函数和分辨极限等多方面的限制，对这类图像的目标识别具有较高的难度，采用图像融合技术进行目标检测将是一个较为有效的手段。

### 8.3.1 产生融合图像

采用图像融合技术进行目标检测的关键是要对多个传感器获得的图像进行融合，形成不仅有利于进行目标检测且更接近"真实情况"的图像。好的图像融合算法能够使得融合后的图像具有更小的噪声、目标轮廓更加鲜明等特点，而不好的图像融合算法也可能引入更多的图像噪声，甚至使得融合后的图像完全偏离实际情况而对图像的检测造成误导。因此好的图像融合算法在基于图像融合的目标检测中具有举足轻重的作用。

基于金字塔变换的图像融合算法是一种易于实现的分解算法。其具有平移不变性、旋转不变性、紧支性等优点。该算法的实现步骤如下：

(1)对来自不同传感器的图像分别进行易操纵金字塔分解，分解结果为变换域内一系列不同方向、不同尺寸的子图像。

(2)采用一定的融合规则，提取变换域内每个尺度、不同方向上最有效的特征，形成融合后图形对应的易操纵金字塔。

(3)逆变换重构图像。融合规则直接决定了金字塔算法融合图像的质量。由于高频带通子图像和低通子图像具有不同的物理意义，因此必须对这两类图像采用不同的融合规则。

①基于局部能量的融合规则。

带通子图像反映的是原始图像的细节信息，系数绝对值大表示图像变化剧烈，对应着图像的边缘和轮廓部分。对于这类图像采用基于局部能量的融合规则可以取得较好的效果，基于局部能量的融合规则描述如下：

$$D_c(i,j,k,l)=W_A(i,j,k,l)\cdot D_A(i,j,k,l)+W_B(i,j,k,l)\cdot D_B(i,j,k,l) \tag{8.16}$$

式(8.16)中，$D$表示易操纵金字塔，$(i,j,k,l)$为第$k$分解层、第$l$个方向上的子带位置$(i,j)$处的点。加权系数$W_A(i,j,k,l)=1-W_B(i,j,k,l)$，且有：

$$W_A(i,j,k,l)=\begin{cases}1 \\ \text{if } M_{AB}(i,j,k,l)\leqslant T \text{ and } S_A(i,j,k,l)\geqslant S_B(i,j,k,l) \\ 0 \\ \text{if } M_{AB}(i,j,k,l)\leqslant T \text{ and } S_A(i,j,k,l)< S_B(i,j,k,l) \\ \dfrac{1}{2}+\dfrac{1}{2}\left(\dfrac{1-M_{AB}(i,j,k,l)}{1-T}\right) \\ \text{if } M_{AB}(i,j,k,l)> T \text{ and } S_A(i,j,k,l)\geqslant S_B(i,j,k,l) \\ \dfrac{1}{2}-\dfrac{1}{2}\left(\dfrac{1-M_{AB}(i,j,k,l)}{1-T}\right) \\ \text{if } M_{AB}(i,j,k,l)> T \text{ and } S_A(i,j,k,l)< S_B(i,j,k,l)\end{cases} \tag{8.17}$$

式(8.17)中,$S$ 为局部能量,$T$ 为未定的局部匹配测度门限,$M$ 是要融合的子带图像的局部匹配测度,其定义分别为:

$$S(i,j,k,l)=\sum_{i',j'}p(i',j')D(i+i',j+j',k,l)^2 \tag{8.18}$$

$$M_{AB}(i,j,k,l)=\frac{2\cdot\sum_{i',j'}D_A(i+i',j+j',k,l)D_B(i+i',j+j',k,l)}{S_A(i,j,k,l)+S_B(i,j,k,l)} \tag{8.19}$$

$p$ 为归一化窗口函数,此处设置其大小为 $3\times3$,很明显,显著特征是由局部能量大的点代表的。

基于局部能量的融合规则如下:

a. 如果待融合的对应点之间的匹配测度大于设定的值,则采用公式(8.51),根据两点的局部能量大小,计算两点值的线性组合作为融合后图像对应点的系数。

b. 如果待融合的对应点之间的匹配测度小于设定的门限,则取局部能量大的点的值作为融合后图像对应点的系数。

② 基于局部方差的融合准则。

低频子图像是原始图像的近似描述,包含有原始图像的平均灰度和纹理信息。其系数大的值不一定表示图像特征更加重要。对于这类型的图像,采用基于局部方差的融合准则可取得较好的效果。基于局部方差的融合准则公式如下:

$$f_C(i,j,K)=\begin{cases}f_A(i,j,K) & if\ \sigma_A(i,j,K)\geqslant\sigma_B(i,j,K)\\ f_B(i,j,K) & if\ \sigma_A(i,j,K)<\sigma_B(i,j,K)\end{cases} \tag{8.20}$$

其中 $f_C(i,j,K)$ 表示金字塔第 $K$ 层(最高层)的低频融合子图像,$\sigma(i,j)$ 表示局部标准差。基于局部方差的融合准则实现如下:

a. 选定邻域大小为 $3\times3$ 的窗口。

b. 计算该选定区域上各点的标准差。

c. 选出标准差较大的点,以它的像素值作为融合后图像对应点的像素值。

### 8.3.2 数学形态学及其图像检测算法

形态学是生物学中研究动植物结构的一个分支科学。在图像处理中,数学形态学是一种以形态为基础的图像分析工具。数学形态学以集合论作为理论基础，其检测目标的基本思想为采用具有一定形态结构的元素来度量和提取图像中对应的形状，从而达到识别目标的目的。该方法具有简化图像数据、保持图像的基本形状特性、去掉图像中与研究对象无关的部分等优点。

使用该方法可以对图像完成包括目标识别在内的多种操作，包括增强图像对比度、消除图像噪声、对图像进行细化处理、进行目标检测和识别、进行图像分割等。

数学形态学有四种基本的运算，分别是腐蚀、膨胀、闭合和开启，通过对基本运算的推导和组合可以形成较为复杂的其他数学形态学算子。

1. 二值图像的数学形态学运算

二值图像的数学形态学基本运算定义如下：

1）膨胀

假设 $A$ 为一图像集合，采用元素 $B$ 来膨胀 $A$，即 $A$ 与 $B$ 的膨胀运算，记作 $A \oplus B$，其公式定义如下：

$$A \oplus B = \{x \mid [(\hat{B})_x \cap A] \neq \varnothing\} \tag{8.21}$$

式(8.21) 中，$\hat{B}$ 为 $B$ 的映像，用 $B$ 对 $A$ 进行膨胀的步骤如下：

(1) 找出 $B$ 关于原点的对称点 $\hat{B}$；

(2) 将 $\hat{B}$ 平移 $x$ 长度；

(3) 若 $A$ 与 $\hat{B}$ 交集不为空则 $B$ 的原点为膨胀集合的元素。

由膨胀操作的步骤可见膨胀操作的结果是给图像中的对象边界填充像素，缩小空洞。

2）腐蚀

腐蚀运算是膨胀运算的逆运算。假设 $A$ 为图像集合，$B$ 为结构元素，$A$ 与 $B$ 的腐蚀运算表示为 $A \ominus B$，其公式定义如下：

$$A \ominus B = \{x \mid (B)_x \subseteq A\} \tag{8.22}$$

腐蚀操作的步骤如下：

(1) 将 $B$ 平移 $x$ 长度；

(2) $B$ 的原点与 $A$ 的交集不为空集则 $B$ 的原点为腐蚀集合中的元素。

因此腐蚀操作的实质是删除图像中对象边界上的像素及图像中小于结构元素的小对象。

3）开启

将膨胀操作与腐蚀操作进行组合能够解决图像处理中的多种问题。定义采用同一个结构元素，先对图像进行腐蚀操作再进行膨胀操作的运算为开启运算，记作 $A \circ B$，其公式表示如下：

$$A \circ B = (A \ominus B) \oplus B \tag{8.23}$$

开启操作在图像处理中有着广泛的应用，其可以实现如下功能：

(1) 删除图像中的小对象；

(2) 删除细的连接；

(3) 删除平滑大对象的边界。

4）闭合

定义先进行膨胀操作再进行腐蚀操作的运算为闭合元素按，记作 $A \cdot B$，其公式表示为：

$$A \cdot B = (A \oplus B) \ominus B \tag{8.24}$$

闭合操作在图像处理中也有着广泛的应用，其可以用来完成如下操作：

(1) 填充图像中小的空洞；

(2) 填充图像中细小的缝隙；

(3) 填充图像中的边界缺口。

开启和闭合操作具有保持图像中大对象尺寸和形状不变的能力。

5）高(低) 帽变换

定义从原始图像中减去开启操作后的图像为高帽变换，通过高帽变换可提取图像中的小物体；定义关闭操作后的图像减去原始图像的操作为低帽变换，通过低帽变换可寻找图像中的灰度槽(即背景中面积较小的暗区域)。

6）图像细化

细化操作就是不断去除对象上的像素以达到以下效果：

(1) 对于不包含空洞的对象，细化操作的结果是使对象收缩为一系列连续的点；

(2) 对于包含空洞的对象，细化操作的结果是使对象收缩为介于空洞和对象外轮廓之间的一个环。

细化是处理线性二值图像的一种重要技术，在文字与图形识别、图像数据压缩以及线状目标跟踪等方面均有着广泛的应用。

2. 灰度图像的数学形态学运算

形态学在灰度图像中也能取得很好的效果，灰度图像的数学形态学与数学形态学一样，基本操作也为腐蚀、膨胀、开启和闭合。灰度级形态学算子中用最小值和最大值代替二值形态学中的逻辑“与”和逻辑“或”操作。利用灰度级形态学可以对图像进行消除图像噪声、增强图像对比度、对图像进行梯度检测等操作。

灰度级形态学中基本操作的定义如下：

1) 膨胀

假设 $A$ 为图像集合，$B$ 为结构元素，$D_A$ 和 $D_B$ 分别为 $A$ 和 $B$ 的域，灰度图像的膨胀运算标识为 $A \oplus B$，公式定义为：

$$(A \oplus B)(s,t) = \max\{A(s-x,t-y) + B(x,y)\},(x,y) \in D_B \tag{8.25}$$

灰度图像的膨胀运算主要功能包括增加图像的亮度、减小或者去除小的暗块。

2) 腐蚀

灰度图像的腐蚀运算公式表示如下：

$$(A \ominus B)(s,t) = \min\{A(s-x,t-y) - B(x,y)\},(x,y) \in D_B \tag{8.26}$$

其作用是减小或消除图像中小的亮块。

3) 开启和闭合操作

灰度级形态学中将膨胀操作和腐蚀操作进行组合而形成的运算能够完成重要的功能。

定义采用同一个结构元素，先对图像进行腐蚀操作再进行膨胀操作的组合运算为开启运算。开启运算的公式表示如下：

$$A \circ B = (A \ominus B) \oplus B \tag{8.27}$$

定义采用同一个结构元素，先对图像进行膨胀操作再进行腐蚀操作的组合运算为闭合运算。闭合运算的公式表示如下：

$$A \bullet B = (A \oplus B) \ominus B \tag{8.28}$$

4）高帽和低帽变换

定义变换从原始图像中减去开启后图像为高帽变换（用$h$来表示），形态关闭后的图像减去源图像的变换为低帽变换（用1来表示），利用高帽变换以及低帽变换可以增强图像的对比度。高帽变换和低帽变换公式表示如下：

$$h = A - (A \circ B), l = (A \bullet B) - A \tag{8.29}$$

3. 基于数学形态学的目标识别与检测实验

这里以一幅机场的卫星图像为例（图 8.3）来介绍数学形态学算子的应用，以及基于数学形态学的目标检测过程。实验目的是检测机场的跑道，机场的跑道具有细长的直线特征。接下来将通过选用合理的数学形态学算子检测出机场的跑道。

**图 8.3　原始卫星机场图像**

1）采用高帽变换增强机场跑道

从图 8.3 中可以看出机场的跑道是属于较亮且是细长型的图形，这里我们用一个圆盘形结构元素，其直径大于跑道宽度（这里取 5×5），来对原始图像进行高帽变换，来提取机场的跑道，进而取出图像中其他较大面积亮的区域，变换后的结果见图 8.4。

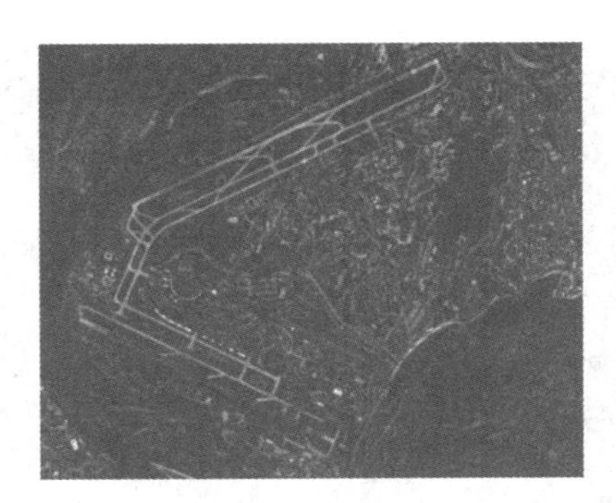

图 8.4　高帽变换后的图像

可以看出，大面积亮度较大的区域被去除了，这样就更有利于提取机场的跑道。

2）二值化图像

首先取门限为 30 的门限对图像进行二值化，这样二值化后的图像就包含机场的跑道。效果如图 8.5 所示。

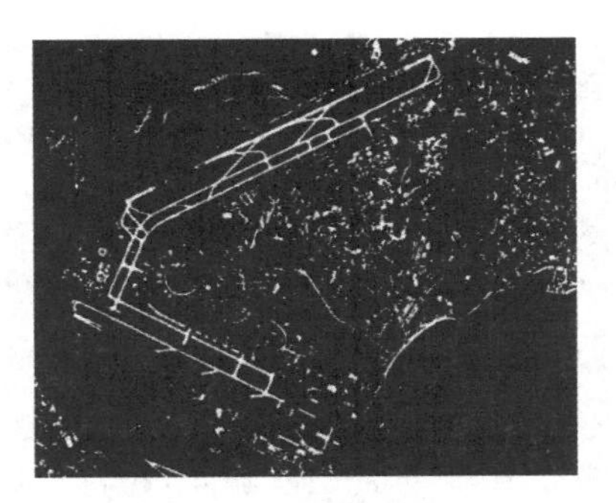

图 8.5　二值化后的图像

3）细化及去毛刺处理

我们对二值化后的图像进行细化及去毛刺处理，就得到面积较大的机场跑道以及一些面积很小的小块。从图 8.5 中可以看出，闭合的广义曲线就是机场跑道。所谓细化就是不停消除对象上的像素，对于不包含空洞的对象而言，细化结果就是使对象收缩为连续的小点，对于包含空洞的对象，细化则会将对象收缩为一个介于对象外轮廓与空洞之间的环，当需要消除依附在目标曲线上的短线时就采用毛刺删除的方法。进行以上操作后的效果可见图 8.6 和图 8.7。在图 8.7 中，机场的跑道已经很明显，背景也基本被消除。

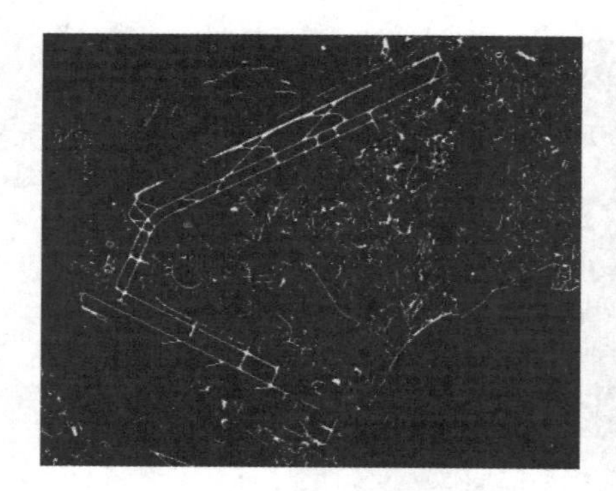

**图 8.6　细化后的图像**

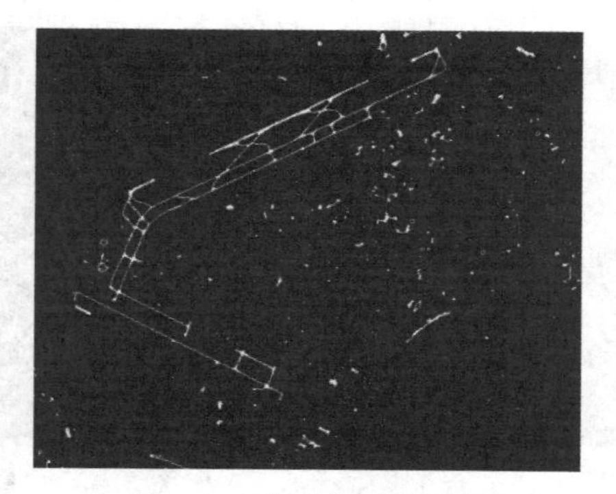

**图 8.7　去毛刺后的图像**

4）区域开启

图 8.7 中，图像中还剩下很小的零星小块和大面积的机场跑道，在这个基础上再使用二进制的图像区域开启的操作，就可以消除图像中面积较小的物体，结果如图 8.8 所示。

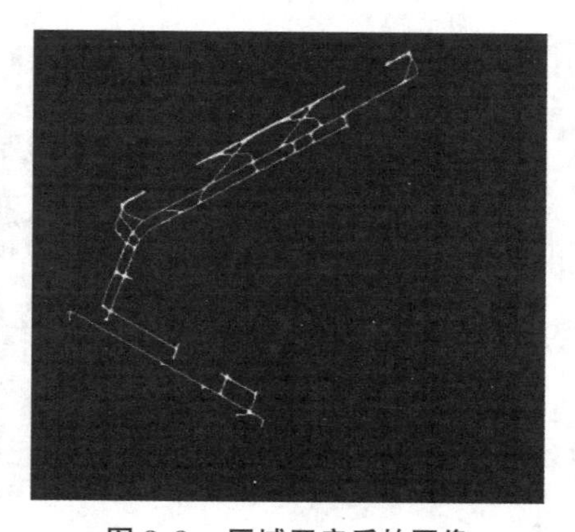

**图 8.8　区域开启后的图像**

5）形态重建

通过形态重建，即得到最后的检测结果了，如图 8.9 所示。

最后将检测到的结果与原始图像叠加，如图 8.10 所示，可以清楚地看到利用形态学算子非常好地检测到了机场的跑道。

### 8.3.3　基于图像融合的目标检测及实验

由于受到外界环境、分辨率极限以及成像系统的传递函数的限制，使得遥感图像背景复杂或者目标太小不清晰。对这样的图像进行目标识别与检测是很困难的，基于这种情况可以用融合的办法来解决。通过将两幅或多幅遥感图像进行融合的方法，得到比一幅图像更好、信息更加全面的融合图像，基于这样的融合图像的目标识别与检测就会更容易和更有效。

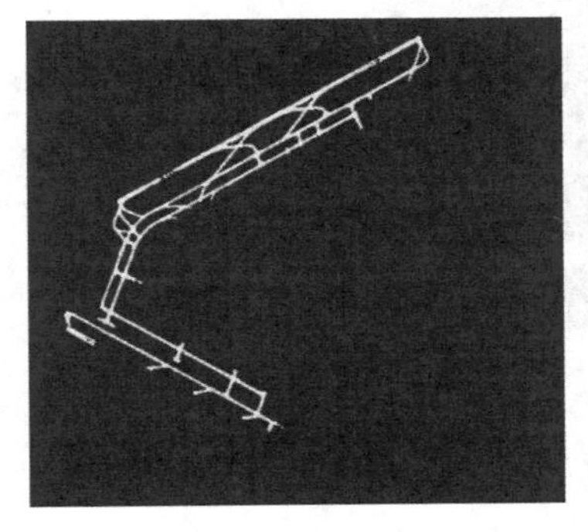

**图 8.9　形态重构后的图像**

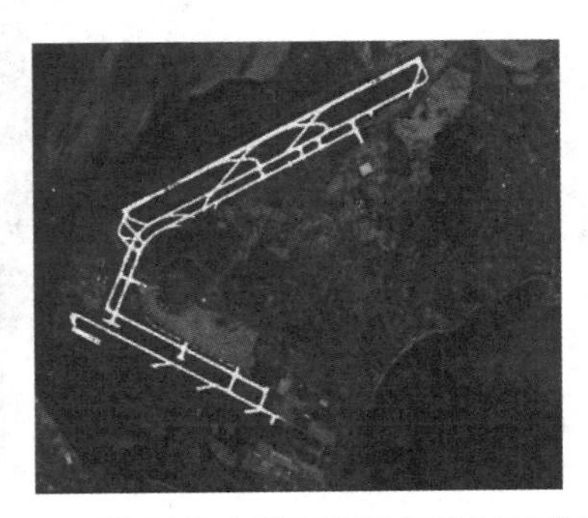

**图 8.10　检测的跑道和源图像叠加后的结果**

本章将进行这样一组实验来说明基于图像融合的目标识别与检测方法是否可行有效。见图 8.11 和图 8.12，这两幅是包含机场的源图像 A 与 B，图中的机场目标小而且不清晰，肉眼较难从背景中将其辨别出来，这就具备了用融合的方法进行实验的条件，通过将这两幅源图像进行融合，就得到了对比度强，更加清晰的图像，这就为后续工作打下了很好的基础。接下来，采用本节所叙述的数学形态学的方法对融合图像进行目标检测，最终得到检测结果。

**图 8.11　源图像 A**

**图 8.12　源图像 B**

1. 对两幅图像进行融合

在这里使用基于易操纵金字塔变换的图像融合方法，这种方法具有平移性、旋转不变性以及紧支性的特点，是一种多尺度、多方向的有效融合算法。融合结果如图 8.13 所示。

**图 8.13　融合后的图像**

2. 使用基于数学形态学方法进行目标检测

(1)使用高帽变换增强机场跑道。高帽变换表示的是图像中的灰度峰值，低帽变换则表示灰度谷值，利用这一定义，将高帽变换与融合图像相加，再与低帽相减，得到图像的高对比度。然后使用一个直径大于跑道的圆盘型结构，对源图像进行高帽变换，进一步提取机场的跑道，其结果如图 8.14 所示。

**图 8.14　高帽变换后的图像**

(2)对灰度图像进行二值化处理，使二值化后的图像包含机场信息，结果见图 8.15。

(3)细化及去毛刺。采用细化操作可在不修改图像基本结构的基础上将图像中的对象简化为相连的线条，有利于进行目标的检测，而实验用图中的机场跑道就是两条较长的线条，因此可以使用细化的操作，然后使用去毛刺的方法把线上没用的短线消除掉，结果如图 8.16 所示。

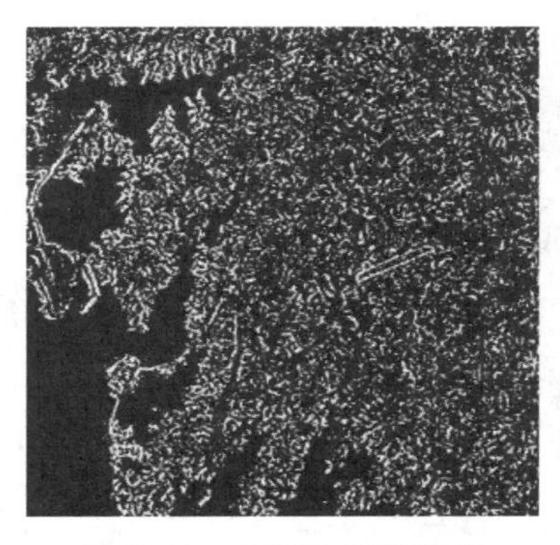

**图 8.15　二值化后的图像**

**图 8.16　细化、去毛刺后的图像**

(4)使用线性结构元素对细化后的图像进行形态开启操作，即可有效地测出两条机场的跑道。如图 8.17 所示。

(5)利用膨胀重构算法进行膨胀重构，即可完成对机场跑道的检测，结果如图 8.18 所示。

**图 8.17　检测到两条跑道**

**图 8.18　检测结果**

(6)最后，选用合理的数学形态学算子对融合后的图像进行检测，就能有效地检测到目标了。

# 参考文献


[1] 徐自远. 面向人工智能算法下图像识别技术分析[J]. 数字技术与应用，2021,39(10):4-6.

[2] 孙即祥等. 模式识别中的特征提取与计算机视觉不变量[M]. 北京:国防工业出版社,2001.

[3] 王晓薇. 基于计算机智能图像识别的算法与技术研究[J]. 信息通信，2020(3):82-83.

[4] TALUKDER A, MATTHIES L. Real-time detection of moving vehicle from moving vehicles using dense stereo and optical flow[C]// 2004 IEEE/RSJ International conference on intelligent robots and systems (IROS). Sendai:IEEE, 2004: 3718-3725.

[5] 熊秋菊,杨慕升. 数字图像处理中边缘检测算法的对比研究[J]. 机械工程与自动化,2009(2):43-47.

[6] 陈凯,朱钰. 机器学习及其相关算法综述[J]. 统计与信息论坛,2007,22(5):105-112.

[7] WALTZ E, LINAS J. Multisensor data fusion[M]. Boston: Artech House Inc,1990.

[8] 郁文贤,雍少为,郭桂蓉. 多传感器信息融合技术述评[J]. 国防科技大学学报, 1994, 16(3):1-11.

[9] HALL D. Mathematical techniques in multisensor data fusion[M]. Boston: Artech House Inc, 2004.

[10] 高翔, 王勇. 数据融合技术综述[J]. 现代计算机, 2002, 10(11): 706-709.

[11] LUCIEN W. Some terms of reference in data fusion[J]. IEEE

Transactions on geoscience and remote sensing, 2002, 37(3): 1190-1193.

[12] ISABELLE B. Information combination operators for data fusion: a comparative review with classification[J]. IEEE Trans. syst. man. & Cybern, 1996, 26(1):52-67.

[13] 康耀红. 数据融合理论与应用[M]. 西安: 西安电子科技大学出版社, 1997.

[14] 刘勇, 沈毅, 胡恒章,等. 精确制导武器及其支持系统中的信息融合技术[J]. 系统工程与电子技术, 1999, 21(4):1-5.

[15] 何国金, 李克鲁, 胡德永,等. 多卫星遥感数据的信息融合:理论、方法与实践[J]. 中国图象图形学报, 1999, 4(9):744-750.

[16] HALL D, LLINAS J. An introduction to multisensor data fusion [J]. Proceedings of the IEEE, 1997, 85(1): 6-23.

[17] AGGARWAL J. Multisensor fusion for computer vision[M]. Berlin: Springer-Verlag, 1993.

[18] 刘同明, 夏祖勋, 解洪成. 数据融合技术及其应用[M]. 北京:国防工业出版社, 1998.

[19] YANN L, et al. Gradient-based learning applied to document recognition[J]. Proceedings of the IEEE,1998,86(11): 2278-2324.

[20] KRIZHEVSKY A, SUTSKEVER I, HINTON G E. ImageNet classification with deep convolutional neural networks[C]//International Conference on Neural Information Processing Systems. Curran Associates Inc, 2012:1097-1104.

[21] SZEGEDY C, LIU W, JIA Y, et al. Going deeper with convolutions[C]//IEEE Conference on computer vision and pattern recognition. IEEE computer society, 2015:1-9.

[22] HE K,ZHANG X,REN S,et al. Deep residual learning for image recognition[C]//Computer vision and pattern recognition. IEEE, 2016:770-778.

[23] LONG J, SHELHAMER E, DARRELL T. Fully convolutional networks for semantic segmentation[C]//IEEE Conference on computer vision and pattern recognition. IEEE computer society, 2015: 3431-3440.

[24] 侯向丹,赵一浩,刘洪普,等. 融合残差注意力机制的 UNet 视盘分割[J]. 中国图象图形学报,2020,25(9):1915-1929.

[25] TAN F, MA X. The method of recognition of damage by disease and insect based on laminae [J]. Journal of agricultural mechanization research, 2009, 31(6):41-43.

[26] 孙全鑫. 基于颜色特征提取的辣椒自动分类系统的设计与实现[D]. 长春:吉林大学,2013.

[27] WALKER R F, JACKWAY P T, Long D. Recent developments in the use of the co-occurrence matrix for texture recognition[C]//International conference on digital signal processing proceedings. Santorini:IEEE,1997:63-65.

[28] OJALA T, PIETIKAINEN M, HARWOOD D. A comparative study of texture measures with classification based on feature distributions[J]. Pattern recognition 1996:51-59.

[29] MANJUNATH B S, OHM J, VASUDEVAN V. Color and texture descriptors[C]//IEEE Transactions on circuits and systems for video technology,2001,11(6):703-715.

[30] 魏书精,罗斯生,罗碧珍,等. 气候变化背景下森林火灾发生规律研究[J]. 林业与环境科学,2020,36(2):133-143.

[31] 史劲亭,袁非牛,夏雪. 视频烟雾检测研究进展[J]. 中国图象图形学报,2018,23(3):303-322.

[32] SHIDONG W, YAPING H, JU JIA Z, et al. Early smoke detection in video using swaying and diffusion feature [J]. Journal of intelligent and fuzzy systems,2014,26(1):267-275.

[33] 张娜,王慧琴,胡燕. 粗糙集与区域生长的烟雾图像分割算法研究[J].

计算机科学与探索,2017,11(8):1296-1304.

[34] 冯磊.基于视频的烟雾检测系统:运用烟雾流动模型和时空能量分析的方法[J].邢台职业技术学院学报,2018,35(5):80-85.

[35] 张斌,魏维,高联欣,等.基于时空域深度神经网络的野火视频烟雾检测[J].计算机应用与软件,2019,36(9):236-242.

[36] 江洋.基于深度学习的火灾视频实时智能检测研究[D].海口:海南大学,2020.

[37] 张启尧.基于深度迁移学习的森林火灾识别方法研究[D].太原:中北大学,2020.

[38] 李红娣,袁非牛.采用金字塔纹理和边缘特征的图像烟雾检测[J].中国图象图形学报,2015,20(6):772-780.

[39] 甘明刚,陈杰,刘劲,等.一种基于三帧差分和边缘信息的运动目标检测方法[J].电子与信息学报,2010,32(4):894-897.

[40] FENGYAN Z, SHENGFA G,JIANYU H. Moving object detection and tracking based on weighted accumulative difference[C]//Computer engineering,2009,35(22):159-161.

[41] 李成美,白宏阳,郭宏伟,等.一种改进光流法的运动目标检测及跟踪算法[J].仪器仪表学报,2018,39(5):249-256.

[42] STAUFFER C,ERIC L. GRIMSON. Adaptive background mixture models for real-time tracking [C]//IEEE Computer society conference on computer vision and pattern recognition. IEEE, 1999:2246.

[43] 袁梅,全太锋,黄洋.基于局部极值共生模式和能量分析的烟雾检测[J].电讯技术,2019,59(8):962-969.

[44] YUAN F. Video-based smoke detection with histogram sequence of LBP and LBPV pyramids[J]. Fire safety journal, 2011, 46(3): 132-139.

[45] 郑熠. HE公司大型复杂装备制造计划协同管理研究[D].大连:大连理工大学,2018.

[46] 赵治月. 基于电涡流原理的无损检测方案设计[J]. 科技创新与应用, 2017(7):31-33.

[47] JAI WAN C, YOUNG SOO C, KYUNG MIN J. Performance of the Eye-Safe LRS and color CCD camera under aerosol environments [J]. Springer US, 2019(20):1-16.

[48] TIMO P, OLLI S, MATTI P, Automated visual inspection of rolled metal surfaces[J]. Machine vision and applications, 1990, 3 (4): 247-254.

[49] FEI Z, GUIHUA L, FENG X, et al. A Generic automated surface defect detection based on a bilinear model[J]. Applied sciences, 2019, 9(15):3159.

[50] 吴焕新. 金属表面细微缺陷的识别与分类研究[D]. 长春:长春工业大学, 2018.

[51] 陶晨. 基于图像处理技术的纱线混纺比测定[D]. 苏州:苏州大学, 2008.

[52] WAI-MAN P, KUP-SZE C, JING Q. Fast Gabor texture feature extraction with separable filters using GPU[J]. Journal of real-time image processing, 2016, 12(1):5-13.

[53] 储朱涛. 基于KAZE的金属疲劳损伤表面偏振图像特征点检测算法研究[D]. 合肥:安徽建筑大学, 2018.

[54] 任文杰. 图像边缘检测方法的研究[D]. 济南:山东大学, 2008.

[55] POGGIO T, VOORHEES H, YUILLE A. A Regularized solution to edge detection[J]. Journal of Complexity, 1988, 4(2): 106-123.

[56] CANNY J. A computational approach to edge detection[J]. IEEE Trans. Pattern analysis and machine intelligence, 1986, 8 (6): 679-698.

[57] 程正兴, 林勇平. 小波分析在图像处理中的应用[J]. 工程数学学报, 2001:57-87.

[58] 郑海疆. 小波理论在图像边缘检测中的应用研究[D]. 厦门:厦门大

学,2006.

[59] 许慎洋,郭希娟,刘晴.基于小波的多尺度医学图像边缘检测[C]//2008 中国信息技术与应用学术论坛论文集(二).计算机科学,2008.

[60] DOLLÁR P, TU Z, BELONGIE S. Supervised learning of edges and object boundaries(conference paper)[J]. Proceeding of the IEEE computer society conference on computer vision and pattern recognition, 2006(2): 1964-1971.

[61] MARTIN D, FOWLKES C, MALIK J. Learning to detect natural image boundaries using local brightness, color, and texture cues [J]. IEEE Transactions on pattern analysis and machine intelligence, 2004, 26(5): 530-549.

[62] KONISHI S, YUILLE A, COUGHLAN J, ZHU S C. Statistical edge detection: learning and evaluating edge cues[J]. IEEE transactions on pattern analysis and machine intelligence, 2003, 25(1): 57-74.

[63] ZHUOWEN TU. Probabilistic Boosting-Tree: learning discriminative models for classification, recognition, and clustering (Conference Paper)[J]. Proceeding of the IEEE international conference on computer vision. Beijing: IEEE computer society press, 2005, Ⅱ: 1589-1596.

[64] MARTIN D, FOWLKES C, TAL D, MALIK J. A Database of human segmented natural images and its application to evaluating segmentation algorithms and measuring ecological statistics[C]//8th IEEE International conference on computer vision. USA: IEEE computer society press, 2001:416-423.

[65] MARR D. Vision: a Computational investigation into the human representation and processing of visual information[M]. The MIT Press,2010.

[66] GUO C E, ZHU S C,WU Y N. Towards a mathematical theory of

primal sketch and sketchability[J]. Proceeding of the IEEE International conference on computer vision，2003(2)：1228-1235.

[67] 章毓晋. 图像工程下：图像理解与计算机视觉[M]. 北京：清华大学出版社，2000.

[68] 冈萨雷斯. 数字图像处理[M]. 阮秋琦，阮宇智，等译. 北京：电子工业出版社，2003.

[69] TOM M. MITCHELL. 机器学习[M]. 曾华军，张银奎，译. 北京：机械工业出版社，2003.

[70] 马颂德，张正友. 计算机视觉：计算理论与算法基础[M]. 北京：科学出版社，1998.

[71] 高文，陈熙霖. 计算机视觉：算法与系统原理[M]. 北京：清华大学出版社，1999.

[72] MARR D. 视觉计算理论[M]. 姚国正，等译. 北京：科学出版社，1988.

[73] MITCHELL T. Machine Learning[M]. USA：McGraw Hill Science/Engineering/Math，1997.

[74] GOLDBERG D. Genetic algorithms in search，optimization，and machine learning[M]. USA：adison-wesley pub. Co，1989.

[75] RICHARD O D，PETER E H，DAVID G S. 模式分类[M]. 李宏东，译. 北京：机械工业出版社，2004.

[76] FREUND Y，SCHAPIRE R E. A Short Introduction to Boosting [J]. Journal of japanese society for artificial intelligence，1999，14(5)：771-780.

[77] 马志远. 基于视觉特征的图像检索方法研究及系统实现[D]. 武汉：武汉科技大学，2010.